U0044374

用創意賺錢，
5,001隻海蒂小兔的
發達之路

這麼可愛，不可以！

一個7年級女生，用創意賺錢，讓夢想成真的故事。
夢想的源頭在哪？如何用創意賺錢？要怎樣自己創業？
如何經營創意市集？讓創意市集界的LV，
最受歡迎的人氣攤位王——海蒂Heidi告訴你可愛也能賺大錢！

現在開始，販售夢想～

兔子王 海蒂Heidi 著

朱雀文化

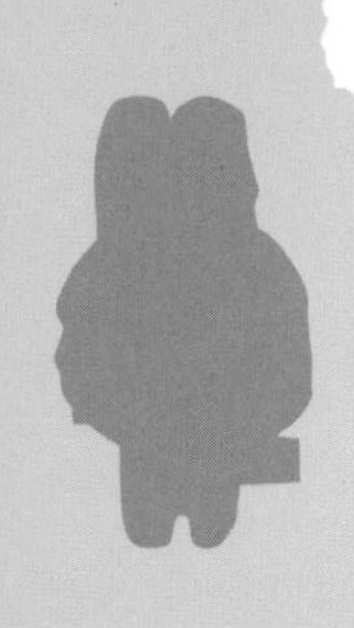

序

我知道我會出書，只是不知道會來的這麼快，也沒料想到是出關於手作的書，因為喜歡畫畫，所以一直以來的夢想是能夠創作繪本，還因此到童書出版社上班，希望自己在畫畫的領域上能更進步，但計畫往往趕不上變化，2005年我開始做娃娃，2007年我的第一本書，《 這麼可愛，不可以！》就這樣誕生了。

當朱雀的編輯說想要出一本關於小兔的書時，我很雀躍，也很緊張，做小兔做了兩年，一開始根本沒想到自己會靠這個生活，沒想到會有這麼多人支持，更沒想過會因此出書了。踏入創意市集，實在有很多讓我自己都覺得很驚訝的經歷，可以說是再幸運不過了。

這本書裡，介紹了關於小兔的所有手作作品，喜歡小兔的朋友可以一次看個夠，也介紹了小兔的誕生史、小兔們的故事，還有海蒂做小兔一路走來的各種經歷，有幸運的事、挫折的事，雖然是一些微不足道的經歷，但我想這對想要了解或加入創意市集的朋友們會有小小的幫助，所以和大家分享。

而我也一直告訴自己，不要忘記初衷，我沒有太大的夢想，只是想快樂的做出屬於自己的作品，然後持續下去。

畫畫是生活的一部份。
創作是生活的一部份。
看到太陽會覺得，啊！活著真好。

我硬生生的規定了我的小兔必須是苦瓜臉，因為他是在我悲傷的時候生出來的。但很多朋友都問我：「為什麼他非要是苦瓜臉呢？」或許我不該一開始就安排他的人生、他的心情。於是，開心的小兔、自信的小兔便開始出現。

我沒有高深的技術，只有不斷嘗試、失敗、重來，才能做出自己最滿意的作品。我帶著我的箱子，蹲在路邊，因為我喜歡跟客人聊天。聊天中，可以激盪出很多新的想法。接觸，是創作的一部分。如果你看一眼我的小兔，我會很高興；如果你蹲下來把玩小兔，我會更開心；如果你願意帶一隻小兔回家，我會很感激你。

這對我們來說，都是一個鼓勵，也因為這樣，我會更努力，朝夢想持續下去。

海蒂Heidi

hei do

HEiDi,

1979

目錄 Contents

目錄 Contents

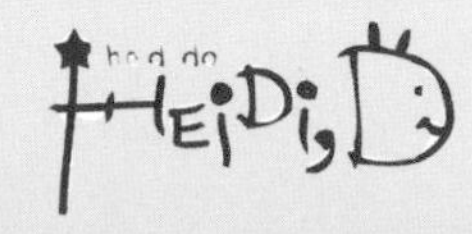

hed do
HeiDi,D

Heidi and Her Rabbits

【海蒂和小兔——從無到有的堅持】

海蒂朵兒（Heidi Doll），一個有創意市場界的LV之稱的創意品牌

在充滿未知數的創意市場裡，是年輕的海蒂實現夢想的開始。
一個小女生是如何實現理想，進而闖出一片天的呢？

Who is Heidi?

海蒂Heidi是誰？
百貨公司擺攤一個月可賣500隻小兔
網路訂單一個月可賣200隻小兔
最多一個月趕三場創意市集活動
有時一天台北、桃園攤位兩頭跑
部落格一天最多2,000人瀏覽量

這個小小女生，
體內蘊藏著
滿滿的創意和活力，

HEiDi

販賣夢想的源頭
海蒂小兔

撰文：彭思園

甜美、溫暖卻帶點悲觀的小兔，其實就是海蒂自己！

創作品總是不經意地流露出作者的性格：文字、繪畫、手作品皆是，連手縫的娃娃亦然，它在作者一針一線所裁縫出的眼神與眉宇間；在細細拼貼的彩布與小細節之間，都悄悄反映著創作者的獨特個性。

軟綿綿的海蒂娃娃擁有棕色如焦糖拿鐵的鬈鬈毛、心事重重比蔚藍大海深幽的憂鬱眼神、顏色明朗如春天花朵似的俏麗花衣，還有一顆能撫慰寂寞、失落與惆悵的溫暖心靈，總是受女孩鍾愛、總是透著一雙無辜眼神的「海蒂朵兒」，正是創作者黃海蒂的翻版：她心靈自我的反射，那隻甜美、溫暖卻帶點悲觀的小兔，其實就是她自己！

當黃海蒂還是一個出版社的美術設計時，她就喜歡塗鴉，當時她燙了一頭大鬈髮，還養了一隻胖嘟嘟的黑兔兔，每當心情低落時，她就靠畫畫來解。她畫了一張自畫像，「朵兒小兔」這個角色就是由海蒂這張自畫像演變而來，因爲她突然想要擁有一隻屬於自己的娃娃，所以就把自己的自畫像當成設計圖做成一隻娃娃。對世事總是有點悲觀焦慮，其實內心獨立堅強的小兔，就是黃海蒂和許多城市女孩內心最眞實的模樣。

早已把大鬈髮洗直、剪成娃娃頭的海蒂，青春期在三峽度過，高中念的是明德高中美術班，因爲對繪畫充滿理想，所以鎖定

國立台灣藝術大學作爲學業新階段的目標，爲了考上夢想中的學園，她將愛玩的心暫時收藏、將不安定的情緒丟到窗外，關起房門，像每個爲未來打拼的小孩，拼命唸書、持續努力，七年級生並不能全盤被標上草莓的標籤，海蒂憑著自己的毅力，終於考上國立台灣藝術大學視覺傳達設計學系。

大學所學，對海蒂未來的創作生涯有莫大的影響，課堂上的油畫、攝影、插畫，在海蒂的往後創作路程中扮有重要角色比方繪畫的訓練，讓她對草圖及配色的技法有很大的助益；學校的美學培養，也讓她更能掌握娃娃的整體設計。她也運用了阿嬤教她的裁縫技巧，完成她對製作娃娃的部份訓練。

拒絕當個一壓就爛的草莓，即使失敗也要不停創作

海蒂的第一隻娃娃誕生在海蒂當上班族的時期，當時她利用下班閒暇之餘製作娃娃。一開始失敗的產品很多，不是造型醜醜的，就是手縫失敗，但海蒂不是一壓就爛的草莓，她並不灰心，持續地圖圖畫畫、縫縫補補，終於創造出屬於自己的第一個作品，它叫「悲傷小兔」。因爲海蒂的個性有點悲觀，所以大部份的作品都帶著像吉本芭娜娜小說風格般的淡淡哀傷，但在哀傷之餘又散發隱隱的陽光，帶點溫暖、帶點希望，能夠撫慰人心。
悲傷小兔即使在笑，看起來也是一副心事重重的樣子：「不開心的時候，不想假裝開心。脆弱的時候，也不用假裝堅強」海蒂說。她常用自己的作品來鼓勵自己，想讓別人也能體會這種生命力。生活總有許多麻煩事，但人生左繞右彎總有出路，想悲傷就悲傷、想哭泣就哭泣，不必壓抑，因爲一覺醒來又是雲淡風輕、陽光遍灑的好天氣！

一開始海蒂先利用下班後的時間，在敦南誠品前擺攤賣悲傷小兔，報社記者發現這個書店前的廣場是小?創作者的大本營，同時也發現海蒂的小兔子在衆多攤子裡閃閃發光。媒體的採訪沒有讓海蒂恃寵而驕，反而讓她重新檢視自己的創作之路，她覺得自己的東西有人注目，於是決定好好耕耘這塊預期將豐沃的創作土壤。

厭倦不變的上班族生活，勇敢邁入創意市集！

海蒂喜歡過自由的生活，一年半的上班生涯，「今天忘記昨天做過的事的那種刻板生活」讓甫出社會的她萌生倦意，2004年底，她勇敢地把工作給辭了。辭職雖是出於自願，卻仍然叫人茫然，「辭職之後呢？」「下一步呢？」世俗與現實生活總是丟給人們很多的問號。

不景氣的2004年，失業率很高、得憂鬱症的人很多、倉皇失措的人在街上一抓就是一大把，當時當然也成爲海蒂人生徬徨失意的一個階段。她像隻迷路的小白兔，站

在十字路口，找不到人生的目標。英國的創意市集悄悄流行到台灣，一直沒有間斷創作工作的海蒂，開始構思參加台灣的創意市集。

創意市集對海蒂來說，是想玩的心態大於賺錢的目的，當時的她總覺得應該做點不一樣的事屬於行動派，積極進取的海蒂，不管家人、男友覺得她很無聊「爲何不好好上班」，不畏懼家人與男友的質疑，海蒂這樣投入了創意市集的擺攤工作，比方北美館的藝術市集、南海藝廊創意市集等。

創意市集對於初出茅廬的小小創作者是個很好的舞台，海蒂單純想發表自己的創作，沒想到這一玩就玩了一年多因爲創意市集，海蒂認識許多喜歡她作品的人，也認識許多在創作這條路上認眞努力從不懈怠的人，比方台北不來梅、蠢花、查理不吃烤雞等等。這些人、事、物的經歷，讓她開始覺得自己的創作不能只是單純玩玩，還要持續發光發熱下去。於是，行動派的海蒂開始研發更多不同風格的兔子。

海蒂的啟蒙者宮崎駿，一段夢想與未來的起始點

海蒂最欣賞的藝術家是日本動畫大師宮崎駿，龍貓、魔女宅急便、風之谷、天空之城、神隱少女……這些動畫從小陪著海蒂長大。其實海蒂小時候不太看卡通，但宮崎駿的動畫彷彿有種魔力，讓海蒂一看再看不厭倦。會投身設計這個領域，海蒂說：「宮崎駿也是啓蒙者吧！」夢想著去吉卜力工作室上班的海蒂，也踏上和宮崎駿大師一樣的創作路程。另外，日本當代知名建築師安藤忠雄和畫家龐均教授也是海蒂欣賞的人，安藤忠雄兼容東西方的建築風格，批判現代機能主義的建築風格，也讓海蒂深深著迷。

有人對於總是心事重重的悲傷小兔提出疑問，海蒂開始也做出許多風格不同的兔兔，比方禿頭小兔、奔跑小兔、恐龍小兔等，還將小兔的故事連結成一個帶點幽默、帶點勵志的品牌故事：「悲傷小兔不太像兔子，甚至有點像綿羊，大家都不知道他是誰，本來就悲傷的小兔更悲傷了，他開始改變自己，燙了離子燙，可是直髮的小兔，卻讓朋友反而認不出她來，小兔於是決心作回自己，也同時找回自信」。

創作是後天努力苦思得來，而創意則是先天具備

海蒂的靈感大多是來自心情的抒發。海蒂習慣隨身帶著一本素寫本，隨時隨地畫下心情，畫下看見的人、事、物，然後順道寫些小東西。在搭公車的時候，海蒂總能想出很多東西。而喜歡的動物、人、植物、大自然，也常常成為海蒂的創作靈感。

海蒂的創作都是苦思得來，創意是先天的，但後天也經過許多努力。她到處尋找適合小兔的材料、配合情景的擺飾，也一直花腦筋構思新的小兔造型。創作的過程中，遇到瓶頸是難免的，不是草莓、抗壓不低的海蒂對於這些挫折都能克服，唯獨讓她感到無力的是市場出現的模仿抄襲者，海蒂說：「參考別人的東西吸取靈感是很正常的事，但全盤照抄就失去了創作的意義。」仿冒別人的靈感、創作，不但是對原創者的不尊重，也是對自己的一種污辱。

海蒂不但得忍受別人對她作品的抄襲，還要接受網路部落格的留言攻擊，「你確定是你的原創嗎？」等等惡意的留言，但海蒂並不退縮，她勇敢地回信直言、據理力爭，並且獨自找尋相關法律資料，挺身保護自己的作品！還勇敢地孤身一人到律師事務所申請商標，洽詢相關意見，「你都自己一個去嗎？」我問，海蒂點點頭，她說：「與其等別人支援，不如靠自己才能加快行動。」在這裡我們看到海蒂的堅強與獨立，也看到一個二十初頭女孩的韌性與勇敢！

海蒂的娃娃都是一針一線，手工縫製而成，盈滿著溫暖與人味的觸感，像小動物般成為許多女孩的寵物，她的FANS從小學生到主婦都有：有些小朋友抱著小兔睡覺、有些女孩將小兔買來送給得了絕症的朋友、有些人半夜三更CALL海蒂急著買小兔給心愛的女友。小兔的訂單裡，總有說不完的感人故事。海蒂為了縫製這些小兔，曾經做到連吃飯的時間都沒有，也曾經縫到手部長滿繭，更累到腰部痠痛，幾乎站不起來呢！

現在小兔找到創作與生活平衡的方法，繼續在創作這一條路上努力，她說創作不僅帶來成就感與自信心，也讓她結交很多朋友。他現在甚至是網路諮商者呢，許多網友不但找她買東西，還詢問她各式各樣有關感情的問題。

海蒂不僅在創作兔子，也在撫慰人心，工業生產的東西總是太過冷冰冰，而那些絞盡腦汁、鼻頭冒著汗、用有溫度的雙手作出來的手製娃娃，在喧囂的世界裡，彷彿溫暖的熱牛奶可以平撫受寒的心。

We Know Heidi
from 25 Q&A

貼近海蒂的
25個Q&A

Q：為什麼叫海蒂？
A：很多人以為海蒂是我的本名，還曾有客人對我說：「海蒂你媽媽好洋化喔！幫你取這麼外國的名字。」

海蒂是我在高中美術班時最要好的朋友幫我取的。一直很想要有個英文名字，我和朋友就在上課時將所有知道的英文名字從A開頭的開始寫，寫到Heidi時，突然想到阿爾卑斯山上的少女海蒂，那是我最喜歡的故事之一，於是黃海蒂這個名字就這樣來了。

相信大家對這個故事應該都很熟悉，電視台常常在播的《小天使》就是了。高三那一年，就收到這本原文精裝本的《Heidi》生日禮物，雖然當時立志要把英文讀好，念完這本書，但是到現在都還沒實現，只能說，人的惰性還是很厲害的，這本書現在就變成我最喜歡的蒐藏之一了。

Q：第一次創意市集擺攤在哪裡？
A：我第一次參加的市集，是2002年台北市立美術館在春節舉辦的藝術市集。當時我才大二，不過賣的東西不是小兔，因為那時候小兔還沒誕生呀！

當時我將木條鋸成一小塊一小塊，在上面彩繪，做成很奇怪的木頭人鑰匙圈，一個售價50元。活動時又颳風又下雨，當天大概只賺了300元，連吃飯、車錢都不夠，不過覺得很好玩，也就是從那時起，我每年都會密切注意美術館創意市集的資訊。

正式開始賣小兔，也是在北美館的藝術市集，時間是在2005年3月那一場，第一天我賣掉七隻小兔，只覺得開心極了。

Q：為什麼投入創意市集？
A：想試試自己做的東西有沒有人會想買吧！

剛開始參加，想玩的心態大於賺錢的目的，總覺得應該做點不一樣的事，加上我又是屬於行動派的，想做的事就會很積極去做，當時家人都覺得我很無聊，專找些讓自己很累的事情做，不過因為喜歡，所以就這樣投入了。

我開始做小兔娃娃時，已經上班一陣子了，不想過著今天忘記昨天做過的事的那種生活，每天都一樣太無聊了，剛好當時又有北美館的藝術市集，我就帶著小兔去參加了。

創意市集對於初出茅廬的小小創作者是個很好的舞台，剛開始抱著好玩的心態，單純想發表自己的創作，沒想到這一玩就玩了一年多。因為創意市集而生，當然也就要一直跟著發光發熱下去。

di

Q：介紹一下你的創作人物

A：海蒂朵兒是品牌名稱。

海蒂是我的名字，朵兒是「Doll」直譯成中文的意思。海蒂朵兒，代表海蒂做的娃娃，很簡單的理由。

我的娃娃大都是以兔子為主，因為我很喜歡兔子，朵兒小兔這個角色是由我的自畫像演變而來，我把自己的自畫像人物做成娃娃，想要有一隻屬於自己的娃娃。

Q：印象最深刻的市集是哪一個？為什麼？

A：印象最深刻的，就是2005年5月14日的南海藝廊創意市集，這是我做小兔之後第二次參加的市集。當時認識了很多不同的創作者，算是大開眼見，沒想到台灣還有這麼多熱中於創作而默默努力的人，像台北不來梅、蠶花、查理不吃烤雞等等。當時我們都是以物易物，互相交換作品。這個市集小而巧，大家也都是抱著交朋友的心態來參加，感覺和樂融洽，很多市集的朋友都是在這邊認識的。也正因為這個市集，我和市集認識的朋友約好一起去敦南誠品書店外擺地攤，對我來說算是一個正式的開始吧！

Q：最辛苦時的工作狀況

A：忙的時候兩天只睡3小時。

吃飯的話，有人逼才會去吃，不然就是真的很餓很餓才會吃點東西填肚子，因為忙碌起來吃飯變得很浪費時間。

最辛苦的是除了要縫製小兔、擺市集顧攤位，同時還要處理網路訂單，整理部落格、與每位客人應對，因為要做的事情非常多，所以腦袋常常會一片混亂。對我來說，最困難的是要從中理出頭緒。

Q：最誇張的擺攤經驗

A：在百貨公司擺長期的櫃位最辛苦，尤其有時會有多個檔期重疊，就會呈現蠟燭多頭燒的狀態，這時就必須請工讀生幫忙。

Q：擺攤中最難忘的傷心事

A：當然是擺攤遇到颱風天。

目前遇到最倒楣的是在百貨公司參加市集，忙了一整個月沒睡，結果被倒債……大家都知道的衣蝶百貨跳票事件。另外，有次參加市集，一隻最有紀念性、心愛的奔跑小兔被偷走了，就像自己的孩子被人偷抱走般，到現在都還會不時想到。

Q：為了創意市集做過最瘋狂的事？平常或以前不敢做的？

A：一開始不顧家人反對，到敦南誠品擺地攤，和警察你追我跑實在太刺激了，現在要我再這樣做，說不定也沒這個膽子了。

還有最瘋狂的就是我在2006年12月，殺去日本參加「Design Festa」活動吧！有時人還是需要一點衝動，才能體驗到各種不同的事物。

Q：有否碰過最瘋狂的粉絲？或有趣、令人感動的粉絲？

A：沒碰過什麼太奇怪的粉絲。通常比較熟的粉絲，幾乎每一種小兔都有蒐集，每次市集都會帶點心或親手做的小禮物來探班，讓人感到很窩心。

另一回是某次連續兩天的campo市集，有個女生連續兩天都來，拿了書給我簽名，一問才知道她是從新加坡來的，真的讓我很……吃驚。或是常常有中南部的粉絲上來買小兔，很令人感動。

Q：市集中被問到最多的問題？

A：你是海蒂本人嗎？

Q：除了創意市集，其他時候你都在做些什麼？
A：我的本行是插畫，除了創意市集，其他的工作就是接插畫案子，偶爾可以接到油漆壁畫那種好玩的工作。

Q：什麼最能激發你的靈感？
A：靈感大多來自心情的抒發我習慣隨身帶著一本素寫本，隨時隨地畫下心情，畫下看見的人、事、物，然後順道寫些小東西，尤其在搭公車的時候，總能想出很多東西。

喜歡動物、人、植物、大自然，這些也常常成為我的創作靈感。

Q：最欣賞的藝術家或設計師？
A：就是宮崎駿（Hayao Miyazaki）了吧！他的動畫從小陪著我一起長大。其實我小時候不太看卡通，但彷彿有種魔力般，宮崎駿的動畫就是可以讓我一看再看不厭倦，會踏入設計這個領域，我想他就是我的啓蒙者吧！小時候夢想就是去吉卜力工作室上班，也因此，我奮發要考上相關科系的大學。
此外，日本建築師安藤忠雄（Tadao Ando）和畫家龐均教授也是我欣賞的人。

Q：你想透過作品表達些什麼？
A：我的個性有點悲觀，所以大部份的作品都帶點淡淡的哀傷。即使在笑，看起來也是一副心事重重，就像小兔那樣。不開心的時候，不想假裝開心。脆弱的時，也不用假裝堅強。

我常用自己的作品來鼓勵自己，想讓別人也能體會到這種鼓勵。想要透過自己的作品，讓不開心的人可以更開心點，或是得到某種鼓勵吧！

Q：創作過程中，你覺得哪個環節最重要？什麼時候最開心？
A：想法，我認為這是最重要的。
雖然每個細節、技巧、材料的運用都很重要，但還是要有好的想法，才能將接下來的事情發揮到淋漓盡致吧！

再者我是一個很嚴肅的人，總是盡量想將作品做到讓自己滿意，所以幾乎每個步驟都要求完美。而當我完成一件新的作品，並得到大家的肯定時，這表示有人喜歡、欣賞我的創作。

Q：你的創作團隊是如何分工？
A：剛開始只有我一人，什麼事都要親手來。

現在我則培養了三人媽媽團隊，大部份的工作還是由我負責，包含創作、設計、製作小兔、採買、品管、網站、市集、對外的大小事。

而媽媽們則是依照我分配好的材料，做部份組裝縫合的動作。

擺市集的時候，通常會有人陪我一起去，幫忙顧攤子，我也會利用空檔到處去認識創作者。

We Know from 25

Q：從構思到完成作品，你的工作是否有既定的流程？
A：我沒有很固定的工作程序，做作品的時候我很性急，並不會特地畫設計圖。大半時候我都是想到什麼做什麼，一心想趕快完成，但這樣通常失敗率很高，除了得面對邊做邊改的窘狀，還會面臨重做好幾次的下場，算是很沒有工作效率。不過，有時在失敗中也會激發出新的想法。平常我會買很多不同的材料放在家裡，一旦想到什麼新東西，就會搜出家裡的材料慢慢的搭配、設計。通常不會第一次就成功，有時候會直接帶著想法衝去買材料，一邊買一邊想，常常會花掉很多時間在布店或材料行。當作品初步成型，接下來的動作就會非常迅速，直到完成為止。

Q：小兔們的目標客層
A：我沒有特別去設定，但依照目前的情況看來，大多是女性，尤其以15～35歲居多。

Q：通常你會將錢花在哪裡？
A：我買材料絕不手軟，買美術用具時更是大把地撒錢，看到什麼好玩有趣的都想買回來玩。然後就是吃的了。很喜歡買些有的沒的小東西，不過，最近的錢都花在市集上。

Q：加入創意市集後，生活上有了什麼改變？

A：最明顯的是生活變得更忙碌，壓力相對地也變大，不同於以前上班的日子。正因為非常自由，更覺得要珍惜這種生活，要懂得調配工作時間，讓自己覺得很開心。因為做的是自己喜歡的事情，讓我愈加喜歡自己。

Q：在創意市集中最大的獲得

A：認識很多朋友，得到很多人的支持，在作品中得到成就感，但相對地也看到自己的渺小，看到自己不足的地方。市集裡有很多厲害到讓我肅然起敬的人。

Q：入創意市集碰到的最大困難？

A：仿冒品……。聽說我的小兔早就在夜市出沒已久，連我都好奇地買了回家，只能說是手工粗糙的毛毛兔，但真的很便宜。最近還知道被大陸人仿冒了，完全沒心理準備下我就跨海到大陸了嗎？被仿冒是所有創作者最難以承受的痛，但也是目前在台灣多少都會碰到的事，我曾被別人揶揄過：「你紅了才會被模仿呀！你看哪個名牌不是？」只能說辛酸誰人知，如果你痛過就會知道。

Q：想對購買自己作品的人說些什麼？

A：謝謝你們，真的。多謝粉絲們的鼓勵，我才能在這麼不穩定的狀態中持續我的喜好。我想沒有大家的支持，也不會有今天的海蒂朵兒。

Q：如果你不再做創意市集，會想做些什麼?

A：即使不再參加市集，我還是會持續創作，那就是我的生命，我想不出我除了畫畫、創作，我還會想做什麼。

Q：想給之後參加創意市集的人什麼建議？

A：那就試試看吧！有好的創意當然要完全展現出來。

常常有人問我，創意市集好像很紅，我要如何參加、如何開始？

這個問題對我來說其實有點難回答，參加市集很好，但也有辛苦的地方，比方說：如果你不是一個團隊，所有的事就得自己來，除了創作本身，還必須懂得如何推銷自己的作品，除非你完全沒有經濟壓力，不然我們還是得靠販售作品來取得生活費及持續創作的費用。

在作品上的建議，我想「用心」和「獨創性」是很重要的。創意市集對於初出茅廬的小小創作者是一個很好的發表舞台，但「初出茅廬」這四個字，不代表可以隨便做點什麼就拿出來賣，「用心」是很重要的開始，尊重這個舞台，別人才會尊重你的作品。

因此，作品的「獨創性」非常重要，現在的市集越來越多，規模也越來越大，如何脫穎而出，獨創性很重要。

要全心投入創意市集，其實頗辛苦。要在創意市集中得到三餐的溫飽，更是不容易。絕大多數的人都有固定工作，或是身兼數職，全心投入在創意市集的人並不多。我們盡可能掌握所有能運用的時間，必須包辦所有的事，看似自由自在的工作，其實辛酸點滴在心頭，如人飲水冷暖自知。

We Know Heidi
from 25 Q&A

Heidi's Character
海蒂小兔人物關係圖

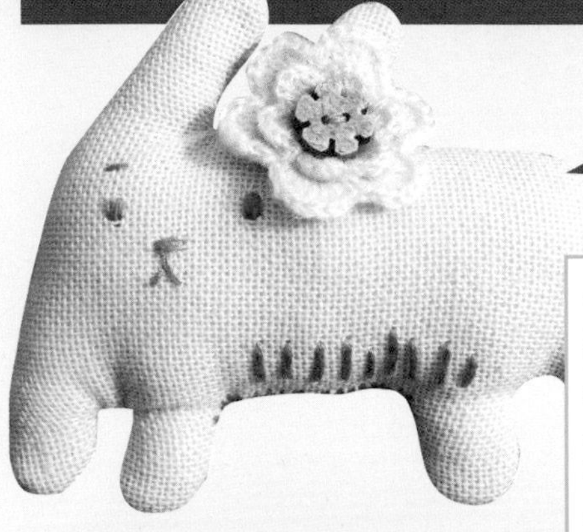

寵物

奔跑小兔

出生日：2006年6月
星座：雙子座
身高：6公分

不斷在奔跑的奔跑小兔，是朵兒小兔的寵物，超級勇往直前，亂闖亂撞是奔跑小兔的個性。
夏天來了，奔跑小兔穿著粉嫩色系麻布衣，頭戴小花朵，奔跑小兔好活潑。

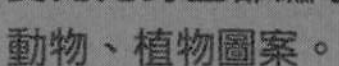

禿頭小兔

出生日：2005年7月
星座：巨蟹座
身高： 10公分

沒有頭髮的朵兒小兔，每隻兔兔身上都繡了可愛的動物、植物圖案。

頭髮剃掉後

朵兒小兔

出生日：2005年1月
星座：摩羯座
身高：11公分

八字眉的苦臉小兔，總是一付心事重重的樣子，就算微笑，看起來也像是苦笑。朵兒小兔是我情緒低潮的時候創作出來的，可以說是自己的翻版。看看小兔的苦臉，會覺得自己比小兔開心許多，也沒那麼糟嘛！
很多人希望我可以做些開心的臉，畢竟人生不可能總是低潮，小兔就開始有了笑容。
朵兒小兔身上總是穿著不同花布衣，除了花布衣，小兔身上的圖案還有手繪的，Q毛頭讓人握起來很溫暖。

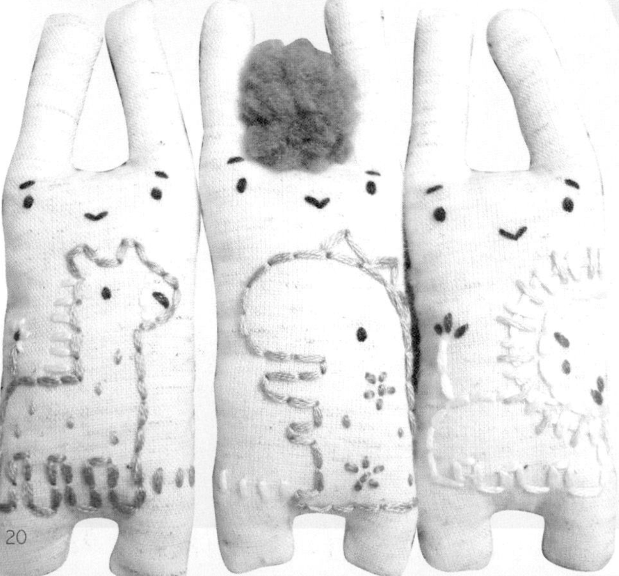

(長頸鹿，左邊)
(小兔愛大龍，中間)
(小獅吼吼，右邊)

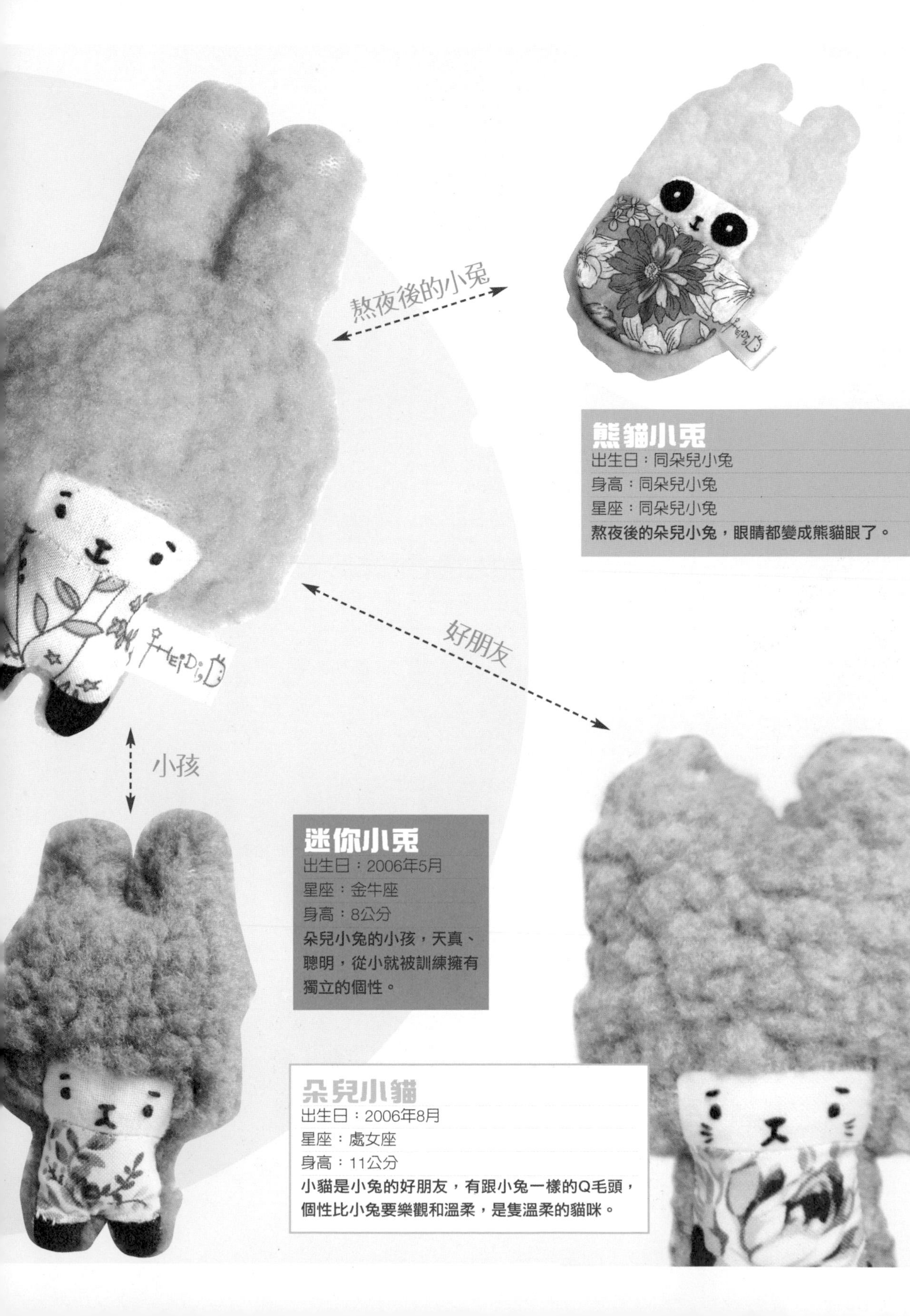

熊貓小兎

出生日：同朵兒小兔

身高：同朵兒小兔

星座：同朵兒小兔

熬夜後的朵兒小兔，眼睛都變成熊貓眼了。

迷你小兎

出生日：2006年5月

星座：金牛座

身高：8公分

朵兒小兔的小孩，天真、聰明，從小就被訓練擁有獨立的個性。

朵兒小貓

出生日：2006年8月

星座：處女座

身高：11公分

小貓是小兔的好朋友，有跟小兔一樣的Q毛頭，個性比小兔要樂觀和溫柔，是隻溫柔的貓咪。

Let's Go to See Rabbit's life

海蒂小兔們的生活寫真

永遠心事重重的朵兒小兔、
活潑開朗的奔跑小兔過著什麼樣的生活呢？
原來海蒂小兔對自己的頭髮不滿意，
奔跑小兔想要展開尋夢之旅，
那他們會發生什麼樣的故事呢？

攝影：毛利　文字：海蒂

哪一個才是真正的我？

STORY 朵兒小兔，快樂做回自己吧！

「朵兒」是一種兔子，有自然捲的兔子，當他們成群結隊地站在一起時，大部份的人會將他們誤認成另一種鬈毛的生物，綿羊。

當他們躲在「綿羊堆」裡時，也沒有人會發現他們。

走在街上時，「小孩」
指著朵兒大叫：「媽媽
你看！那裡有綿羊！」。

在餐廳吃飯時，「鄰桌的客人」
對他們虎視眈眈。

他們既不是綿羊，也不是普通的兔子，
算是很難融入社會的一個族群，
討厭大家對他們的誤解，因此總是苦著一張臉。

STORY

自然鬈的毛，又柔軟又舒服，
常常有「紡織廠的業務員」
去和朵兒洽談開發新羊毛商品的事。

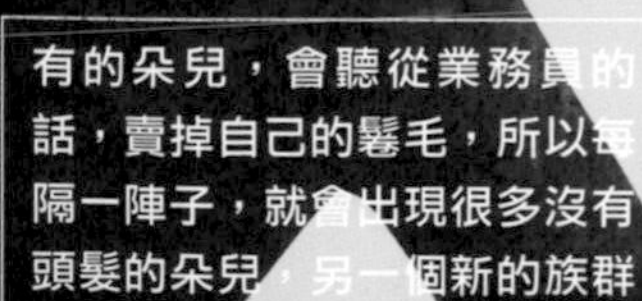

有的朵兒，會聽從業務員的話，賣掉自己的鬈毛，所以每隔一陣子，就會出現很多沒有頭髮的朵兒，另一個新的族群又誕生，「禿頭小兔」。

曾經有一隻朵兒，厭煩自己的自然鬈，跑去美容院。朵兒：「老闆！請幫我離子燙」。老闆：「要不要順便染，現在洗+染+燙 只要1,299元，幫你打點high light，可以讓頭型更立體喔！」。
朵兒想像自己可以就此脫胎換骨，成為像貴氣的「獅子兔」般，擁有飄逸直長髮。
當朵兒頂著一頭金晃晃的新髮型走出美容院時，他感覺到自己渾身充滿自信、充滿力量，如同巨星一般，沒錯，是巨星。

STORY
同伴們會怎麼誇獎我，想著想著，他更驕傲了。
但是當他來到同伴面前，沒有人認出他是誰，也沒有人誇獎他，反而換來一陣譏笑，那是個失敗的髮型。

他沮喪地坐在路邊發呆，看著「來來往往的動物們」，想著自己為什麼要白忙一場，把自己弄得更是兔不像兔，羊不像羊。

這時，遠方走來一隻
自然鬈的動物，毛色
很奇怪，是優雅的藍
灰色，那是綿羊嗎？
不是。是朵兒小兔
嗎？好像也不是。

是小貓?沒錯，當他走近時，朵兒小兔確定了他是小貓，是一隻有自然鬈髮的貓。

朵兒小兔看著他正要走進美容院。
上前去拉住了他，他們對望了一下，
都噗滋地笑了。
其實自然鬈也不是那麼糟糕。

我是兔子，我是貓。
只要這樣跟大家解釋就好了。
不管是什麼髮型，
我們還是我們啊！

.THE END.

STORY 朵兒小兔的歷險奇遇記

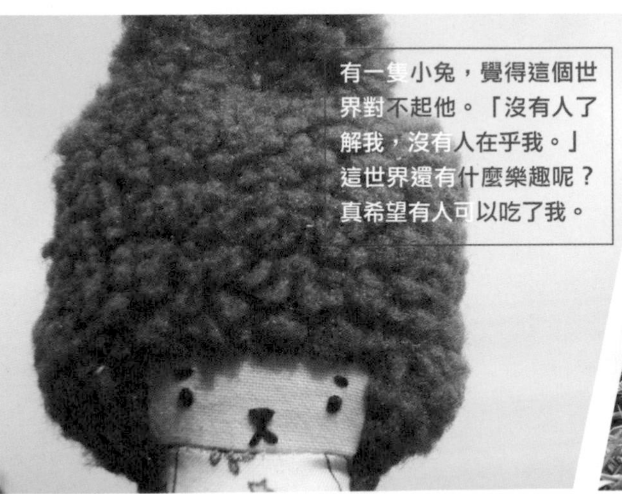

有一隻小兔，覺得這個世
界對不起他。「沒有人了
解我，沒有人在乎我。」
這世界還有什麼樂趣呢？
真希望有人可以吃了我。

他遇到大野狼，她請大野狼吃了她，但大野狼
說：「對不起，你太瘦了，我塞牙縫都不夠，
等你吃胖一點再來。」小兔傷心地離開。

他遇到獅子，他請獅子吃了她，但獅子說：「對不起，我剛吃飽，請你明天再來好嗎？」小兔傷心地離開。
他遇到大蛇，她請大蛇吃了她，大蛇說：「不好意思，我不能吃你，我胖得連舊衣服都穿不下了，我想我需要減肥。」小兔傷心地離開。
小兔更沮喪了。

STORY
他走著走著，被一塊隆起的小土丘絆倒，這時土丘突然移動了，原來那不是土丘，而是雷克斯龍的背脊。

他請雷克斯龍吃了她，雷克斯龍說：「好阿！那我要來想想怎麼吃掉你！」

雷克斯龍的夢幻廚房

不然摘點玉米番茄，配著兔肉來煮火鍋。妳看如何？(小兔背對著雷克斯龍準備逃走。)
首先，切塊涼拌，再沾點沙拉醬，應該不錯吃。(小兔冒汗。)

「等等……」雷克斯龍大叫。雷克斯告訴小兔，被吃掉不會比較快樂，「被吃掉很恐怖吧！其實我一點也不想吃你，我有滿山谷甜美的花朵可以吃，卻沒有人可以跟我一起分享，妳願意當我的朋友和我一起分享嗎？」
小兔看著雷克斯，周圍是一大片的花海，甜甜的香味滿佈在空氣中。雷克斯摘了一朵花給小兔，甜甜的香味，漂亮的顏色。他們兩個都笑了。
.THE END.

奔跑小兔的尋夢冒險

STORY

夢想可以吃嗎？夢想很漂亮嗎
像天上的星星一樣漂亮嗎？
天，奔跑小兔決定去尋找夢想
勇往直前，絕不回頭。

奔跑小兔是朵兒的寵物，
但他卻有著不凡的經歷，
人稱**「兔子界的阿甘」**。

他離開了家，離開朵兒小兔，開始向前奔跑。

他遇到隔壁鄰居的狗，他問：「你知道夢想在哪裡嗎？」
小狗回答：「我才不管什麼是夢想哩！
只要有好吃的肉排，我就覺得很足夠了。」

他遇到路邊的老人，他問老人：「什麼是夢想？」老人回答：「夢想往往是遙不可及的」原來要找到夢想是這麼不容易，但這讓奔跑小兔更激起鬥志地往前追尋。

他跑遍了世界各地，到過紐約、倫敦、埃及、蒙古、東京。但她始終沒有找到所謂的夢想。「夢想到底長什麼樣子，我根本不知道，就這樣傻傻地跑出來。」

STORY
這天，他遇到一群同樣一直向前奔跑的人，她問：「請問你們為什麼也在奔跑？」其中一個黑黑壯壯的人回答：「我們在追尋我們的夢想啊！」
呀！他說的是「夢想」耶！
奔跑小兔開心極了，原來有人也和我一樣在追尋夢想，只要跟著大家一起跑，一定就可以找到了。

他跟著大家不停地跑……跑……跑，終於他們橫越了撒哈拉沙漠，一群人停了下來，前方似乎有人在歡呼著、迎接他們。連媒體也爭相報導。

奔跑小兔問：「發生什麼事？為什麼停下腳步？」
黑黑壯壯的人回答：「因為我完成了我的夢想啦！」
夢想？在哪裡？我沒看見？可以拿給我看嗎？他期待可以看見又閃亮又漂亮的夢想。黑黑壯壯的人告訴奔跑小兔：「夢想是看不到、摸不到的，它存在你心中，想想看你最想要的事情是什麼吧！」
這時，奔跑小兔心中浮現一個畫面，就是朵兒小兔親手做香噴噴的「兔兒草蛋糕」原來我跑了這麼久、這麼辛苦，一直要尋找的夢想竟然離我這麼近。他決定回家。
.THE END.
回家了，朵兒小兔正為她準備了他最愛吃的兔兒草大餐，在他只想躺在舒服的被窩裡，作一個好夢。

My Hardship and Difficulties of Super Market

創意市集甘苦談

掉在路邊我也不要撿的小兔

做創意市集至今已經兩年多了，說眞的還是需要一點傻勁和執著，因爲太喜歡這種自由自在的生活，爲了不再當上班族或被約束，就必須堅持下去。常有很多人很羨慕我的生活，希望將來也可以和我一樣做自己喜歡的事，並且養活自己。通常我會對大家說：「加油！只要想做就放手去做，先不要管後果，堅持下去夢想總會實現的！」。我就是這樣放手去做，不管前因後果就貿然辭職，剛辭職時一定會受到各方的壓力，每天待在家裡看起來閒閒的，家人不太支持，再加上家庭的經濟環境不允許，但只要自己知道自己在做什麼，也相信自己一定能做出好成績，有這樣的信念就可以了。

我將剛開始做的小兔興致勃勃拿給家人看時，通常會被取笑或被批評得一文不値，像「這種東西80元我也不要買」、「這個掉在路邊我也不要撿」之類狠毒的話，最信賴的家人通常給的批評都是最殘酷的，但因爲已注入太多心力在小兔身上，所以聽到這樣殘酷的話也不覺得沮喪，即使沒人買我也很開心。我只是想尋找跟小兔有緣的人，眞的喜歡我就會賣給他。想起來也覺得很有趣，結果現在最支持我的還是家人。

滿桌海蒂小兔的產品，
常讓女孩們不知如何選擇。

即使跌跌撞撞，總要走出去吧！

跌跌撞撞走到現在，遇到很多幸運的事，最幸運的大概就是在敦南誠品門外擺地攤時，被剛下公車的蘋果日報記者看到，蹲下來摸了摸小兔，拿了名片。就這樣，我第一次在報紙上曝光，接下來是副刊的整個頭版，也因爲這樣，越來越多人看到小兔，支持小兔。我們總要跨出去，總要去某個地方讓大家看到你的東西，誰知道會不會遇到剛好賞識你的人呢？

開心快樂的事情很多，是大家看到的那一面，但辛苦的地方也著實不少，像在經營部落格或與大型廠商合作時更是吃了不少苦頭，畢竟大學剛畢業沒多久的我仍然歷練不夠，傻傻地往前衝，總會跌得滿身是傷，但或許是面對自己熱愛的工作，我總是很樂觀，即使跌倒了，只好拍拍屁股再站起來。

歡迎參觀我的部落格

在部落格的經營上，其實我是個網路白癡，對於網站的經營、架設，更是一竅不通，部落格也是自己摸索了很久才大致上有個雛型。面對每天的留言，我都盡可能每個留言都回，因爲我希望每個來留言的人都能有受到重視的感覺。剛開始我還能記住每個來留言的訪客，但慢慢地留言的人越來越多，就沒辦法記住了。

出現在留言板上的人都很友善，也很支持我，到目前爲止惡意批評，我的只碰過兩個。看到惡意批評時，心情當然會受影響，但往往因此有更多人給我鼓勵，讓我

感動。面對那些惡意的批評，我會請他多來看看我的小兔，邀請他到市集來玩，因爲每隻小兔都是我用心經營創作的，或許對方會改觀。

辛苦很久卻只是一場夢

剛開始和百貨公司合作時，做過最愚蠢的，就是免費贈送80隻小兔，讓百貨業者千做滿元贈活動的禮品，只能說是自己經驗不足，不懂得爭取自己的權益，最後只拿到3,000元的設計費，沒日沒夜完成的80隻小兔就這樣消失，感覺還蠻奇妙的。

在百貨公司設櫃時，常常會遇到很多不如意的事情，像是趕貨的壓力，同時要面對網路訂單，還要顧攤補貨，光是體力、精神上的折磨，感覺整個人快要被榨乾。但由於百貨公司的檔期大多是兩個星期，心想只要撐過去，甜美的果實就等檔期結束後慢慢品嘗就好了。但是當檔期結束後，才爆發百貨公司的掏空事件，還眞是晴天霹靂，甜美的果實早就被蟲吃光啦！我一直很樂觀地相信他們會把果實還給我們，所以倒不覺得太沮喪，沒有就算了，有就當作是撿到的吧！反正人生中總會遇到幾次重大不如意的事，再怎麼樣日子還是要過下去，就當作是一次經驗吧！也因爲這次的挫折，我才會更加努力，不然可能早就吃著果實，放空去流浪了。

在衣蝶百貨的流動性攤位，客人大多以年輕女孩為主。

假小兔出沒注意！

關於仿冒的小兔，剛開始遇到的時候，眞的會氣到頭上三把火。爲了避免這樣的事情發生，我早就去註冊商標了，在此告訴有心進入創意工作的人，為了保護自己的作品，這是必要的。通常假小兔並不是我自己發現的，多是熟客或粉絲來通報，我往往是最後一個才知道。

限量發售的粉紅色小兔。

對於市集上小朋友的模仿，慢慢地我也能去諒解了，想想自己國高中時代也曾因為喜歡某個漫畫家，而拼命學習對方的畫風。在成長過程中，總會有特別喜歡而想去學習的對象，所以這應該也不算抄襲，只是還是想要呼籲一下：不要拿出來販賣就好啦！

夜市出現的粗糙工廠製假小兔讓我看得哭笑不得。哭的是因為「這種事情果然還是發生了」，笑的是因為「怎麼會仿冒得這麼粗糙，太好笑了。」慢慢地，我能超然面對假小兔事件，而家人的各種安慰和見解，也讓我覺得很好笑，「趁現在利用假小兔幫你打知名度也不錯呀！」聽到這種安慰，還真是會噗嗤笑出來，這算哪門子的安慰啊！

正因為我太勇往直前，太過固執，所以常常被騙吃虧，但總要自己嘗試過，才能真正去體會。最慘的狀況也只是失敗，失敗了大不了重來一次。

所以，給想進入這行的朋友一個良心建議，將失敗當成必然，腳踏實地越過一次次的障礙，就一定能嘗到成功的果實。

I Love My Work!

熱愛工作甚於其他

熱愛創意工作的我，最常待的工作環境就是家裡。我沒有漂亮可愛的工作室，目前盡量讓所有材料用具可以排放整齊，看起來舒服，我就心滿意足了。在材料越積越多的情況下，我的房間常常呈現無法走路的狀態。今年大掃除，才下定決心買了置物架、收納盒，將東西整齊收納好。

我喜歡在客廳工作，一邊看「櫻桃小丸子」的卡通，一邊縫製小兔。天氣好時在客廳縫小兔會很舒服，陽光從大落地窗射進來，客廳充滿明亮，再來杯奶茶，還有什麼比這更快樂？工作時讓我覺得生命更有意義。帶你參觀我的工作小天地：

小畫廊→房裡一定要有一面牆是可以貼我喜歡的明信片、照片和畫。

電腦→用來修圖、po文章、收信回留言、畫畫……，螢幕旁則擺了很多創意市集裡創作者們的作品。

用具材料架→我會將買回來的布分門別

用來修圖、po文章、收信回留言、畫畫……，螢幕旁則擺了很多創意市集裡創作者們的作品。

這面牆上就是小畫廊，貼了風景明信片、小兔插畫、相片和小紙片……，看似雜亂卻有章法。

鞋子附的方正鞋盒還有妙用，仔細堆疊看來很整齊。

透明的塑膠盒，可以清楚看見其中的材料，方便拿取。

類，以好幾個整理箱裝好，小零件和材料則有專屬的收納盒。我很喜歡整理收納盒，沒事時會將所有的收納抽屜通通抽出來重新排列整理，看到成果很有成就感。

小木屋置物架→擺攤時用的兔兔小木屋，平常在家裡，它用來擺放工具和材料，既實用又方便。

縫紉機→車的時候會隆隆作響的勝家牌縫紉機。

用具籃→籃子裡裝了很多製作小兔用的用具，在家裡縫製小兔時，做到哪帶到哪，很方便！

一堆小兔的家→縫好的小兔會放在籐籃子裡，都是接下來要放到網路上販售的海蒂小兔們。

鞋盒→鞋盒非常適合用來收納東西，這裡是用來放置各種包裝袋的家。

書架前放著最愛的兩幅畫，當還有小兔。

我的第二台縫紉機，運轉的聲音咖搭咖搭的，非常大聲呢，已縫過無數隻小兔。

我的電腦桌，桌面上還放著525、笑嘻嘻、Worldzakka等創意市集攤友的作品。

Heidi's Work Day

海蒂的一天
創意市集篇

創意市集舉辦的時間不定，但大多在假日或特別節日。在必須前往擺攤的日子前，我必須先完成作品的設計圖、準備材料，然後正式進入製作階段。所以，選購材料→製作小兔→拍照上架、回信→創意市集擺攤，充實不偷懶的工作流程。

選購材料→

我會花上一整天的時間在外面奔跑，買材料、到寄賣的店補貨……。出門買材料最好一次買齊，所以總帶著立起來有我一半身高的巨型購物袋前往。我常常一個人提著10公斤的材料在街上奔來奔去，搭公車、捷運，買布、包裝袋、零件，我選擇走路到每個地點，走一整個下午很消耗體力。因為不會騎車，最佩服的是自己提著大包小包追公車，簡直像個女壯士。出門前我會把該買的東西寫在紙條上，防止遺漏，不過仍常忘東忘西，提了一大袋東西回家，才發現某個小零件又忘了買，頓時心裡出現很多OS。

製作小兔→

現在縫製小兔不再像從前一隻一隻製作，最多一天只能完成8～10隻。現在我改變做法，先一口氣將所有的材料裁剪好，再進行縫紉的部份，可以節省很多時間。部份程序會交給海蒂幕後團隊——媽媽團幫忙車縫。要特別感謝團隊成員——海蒂媽、雷媽媽和雷阿姨的熱心幫忙，否則小兔們可能會難產。

拍照上架、回信→

每個禮拜我會挑天氣好的一天，其中部份小兔先送到寄賣店家，再帶另一部份的小兔們外出郊遊拍照，然後放在部落格。還有件最期待的事，我每天會抽出1～2小時回覆粉絲的信件和留言，最後再將大家訂購的小兔們寄出，大家手中拿到的小兔們就是這樣來的。有人問：「海蒂都不用睡覺嗎？」當然要啊！不然怎麼有力氣做小兔？對於自由創作者，時間的分配格外重要，只有掌握時間，才能使工作更有效率！

參加任何市集必帶的箱子。

可擺放小兔們的小木屋，
跟著我征戰南北！

像個陀螺般的工作流程圖！

2005年5月參加了南海藝廊市集的攤位，
擺上特別設計的名片。

東京「Design Festa」活動
辛苦賺來的日幣。

和幾位攤友特別跑去日本參加東京
「Design Festa」，很特別的經驗。

參加台北衣蝶百貨S館活動的攤位。

攤位上滿桌的小兔商品，很壯觀吧？

參加桃園衣蝶百貨的活動，還有販售明信片。

Heidi's Work Day

創意市集擺攤→

每個月都會有的市集，我目前維持在每個月參加一場，每次的市集大約1～2天。舉辦的地點也不一定，往往南征北討，最遠還曾去日本，台灣最遠就是高雄了。每次參加市集前的1～2個星期，我會把在這次活動將登場的小兔寫在紙上，貼在電腦桌旁，每完成一件就畫掉一筆，很有成就感，但每次總有幾種小兔來不及和大家見面。

遠到高雄參加雙十市集，
體驗南部朋友的熱情！

出門參加市集前，再仔細清點一次小兔和道具，就和雷克斯兩人浩浩蕩蕩地去擺攤。接下來一整天的擺攤活動，和客人們聊天、到處逛攤子、在市集裡賺錢又在市集裡花錢，結束後再好好吃一頓，慰勞自己一整天的欣勞，市集就算完成。

為期較長的市集，因為必須有足量的作品，是最令我感到害怕的活動，通常都是忙到來不及準備。印象中差點開天窗的一次，是某次攤位上只擺了不到20隻小兔，客人來看時也傻眼，最後只得犧牲睡眠時間長期抗戰。這類長時間市集都是在百貨公司，每天一大早起床，要準備好所有手縫的材料、小兔，再衝去顧攤子，一邊顧攤子一邊現場縫製小兔，晚上11點回家後再繼續工作到天亮，睡2～3個小時再衝去顧攤子……，不斷重複直到活動結束。

我很喜歡創意市集擺攤，不僅可以到處遊玩，那也是跟人群接觸最直接的方式，可以聽到很多鼓勵、建議，但同時也會聽到很多不好聽的話，通常我則是傻笑帶過。

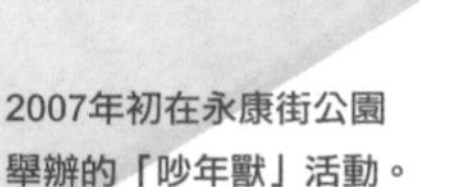

2007年初在永康街公園
舉辦的「吵年獸」活動。

Heidi's Work Day

海蒂的一天
非關創意市集篇

很多人都在問：「平常不縫製小兔時都在做什麼？
是以創意市集維生嗎？」，
其實我主要的工作是接設計和插畫案子，
但漸漸地，這些工作已快被縫製小兔取代、淹沒啦！
我喜歡嘗試各種不同領域的工作，喜歡好玩有趣的工作，
所以我常常會去接一些對我來說很有挑戰性的工作。
我本身熱愛畫畫，所以接的工作大多和插畫有關，
到目前為止，做過最好玩的工作是壁畫，
是我從沒畫過的大壁畫。

選購材料→

2006年初接的空間彩繪案子，三面大牆外加一小面矮牆，是要給聽故事的小朋友們使用的，主題是「馬戲團」。這樣的主題正好符合我柔和多色、童趣的畫風，加上我喜歡畫些小東西，讓畫面更熱鬧、豐富，充滿我的風格，但這些小東西後來變成我的惡夢，整整花了一個禮拜的時間才完成。

這是我第三次畫巨大壁畫。第一次是大一時參加西門町電影街鐵門彩繪活動，當時設計稿通過了初賽，獲得一片鐵門自由繪畫，但過程慘不忍睹，現在那片鐵門好像也被重新粉刷過了。第二次是大學的租屋房的牆壁，但那一面牆也被房東太太刷掉了。

畫「馬戲團」的牆壁彩繪時，那裡還是個工地，很多牆壁的坑洞都還沒補土。第一天我花

觀眾席，最難畫的地方，
密密麻麻的觀眾畫到手軟。

馬戲團調色時出現的漂亮圖案。

馬戲團未開工前時是個工地。

了兩個小時用粉筆快速打完稿，第二天，我把學姊和大學同學竹安抓來幫忙上色，我不知死活地覺得應該再一天就可以完成，沒想到後來用了整整三倍的時間來收尾。這段時間我們一邊聽著木工阿伯播放地下電台節目邊畫畫，阿伯們不時還會跟著唱歌，好不歡樂。

我喜歡挑戰自己的耐心，所以在牆上大象衣服上亂畫小花紋，使圖案變得更複雜。我還畫了一大群小動物當觀眾，真是畫到手軟腦昏。直到第五天才畫完。我以超快的速度收工回家，一心想著不知開幕舖上地板、打上燈光的馬戲團會是什麼樣子？而且除了牆壁彩繪，這裡許多小配件也是我設計的，像是小舞台、動物坐墊等等，可惜到現在我都還沒去參觀過。有一次在新聞上看到馬戲團故事館已經開始營業，據說每一個進去馬戲團的小朋友都不想出來，讓我非常高興。

牆壁彩繪真的很有趣，當巨型的畫作完成時，成就感與喜悅夾雜，我們還特地將主角大象的眼睛留到最後才點，畫龍點睛的感覺很特別。這樣的工作通常會消耗很多體力和時間，往往接了工作就無法再做其他事情，回到家就累得倒頭大睡。

大色塊完成後會以為畫完了，
但真正辛苦的在後面。

跳火圈的獅子，
馬戲團當然少不了跳火圈和走鋼索。

寶寶房彩繪人員，
完工後再來個大集合。

看這很花的圖，一不小心
還是會畫些複雜的小東西。

寶寶房油漆材料，利用每天一杯的
珍珠奶茶杯子，是很好的廢物利用道具。

寶寶房天花板。這次連天花板都畫了，
有點怕高地站在梯子上一直抖抖抖。

Heidi's Work Day

寶寶房彩繪→

我還接過小寶寶房的彩繪，你是不是以為我會學乖，不敢再畫些亂七八糟的小花紋？騙人，那下面這照片裡的是什麼？

繪本插畫→

除了大型的彩繪，我最常做的工作是繪本插畫，只要是好玩有趣的故事我都會想畫，內容則多以童書為主。我畫畫時的壞毛病就是眼睛幾乎黏在畫紙上，一旦畫久了眼睛會受不，所以通常沒辦法一整天都在畫。

水彩畫彩虹世界的小白兔和新娘

黑夜中的白兔和新娘

油畫自畫像，不忘抱隻兔子

Go to Heidi's Blog

http://www.wretch.cc/blog/heididoll

進入海蒂的部落格

海蒂位於無名小站的部落格，是一個集合了相簿、網誌和粉絲留言等的小天地，是海蒂除了創意市集外，目前唯一且正式對外聯絡的管道。

相簿→

大多是商品、參與各類市集或其他活動的照片。粉絲們可以在此處看到最新商品。

網誌→

裡面包含了海蒂的日記、市集資訊、隨筆塗鴉畫和公告事項等等，一般粉絲們都是從這裡知道海蒂參加活動的時間、細節。此外，海蒂若舉辦像之前「回娘家」的活動也是在此處公佈，可以完全掌握海蒂的行蹤。

留言→

一些針對創作品給海蒂的建議、鼓勵等等，是粉絲們直接與海蒂溝通的地方。海蒂每天會花些時間回答粉絲們的留言，更在這裡交到不少朋友。

好友→

這裡連接了一些海蒂好友們的部落格，不限定是創意市集的朋友。

訂購須知→

想訂購海蒂商品的粉絲們一定要看這裡，裡面告訴大家訂購流程，想要迅速獲得小兔，就一定要看清楚訂購須知。

好站連結→

連結了多是海蒂在創意市集裡認識的其他創作攤友或市集活動介紹，像TAIPEI BREMEN、古國合作社、Juan娃娃國、小黃毛、鴨大人手工飾品和小雞米等等的部落格，進入連結，可以認識更多有趣的創作者。

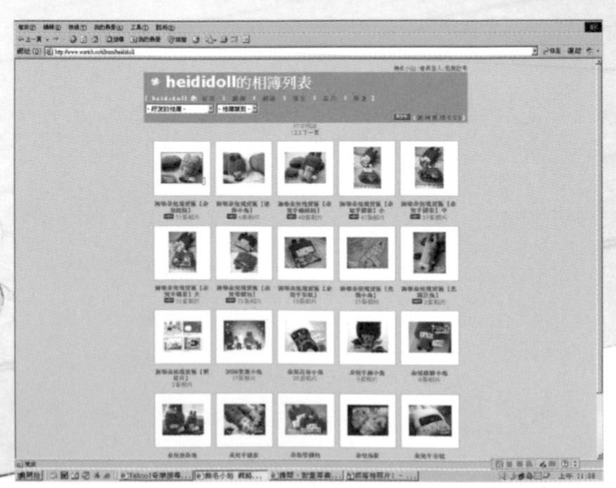

Heidi's fans

粉絲眼中的海蒂

海蒂的粉絲從10幾歲的高中生到中年媽媽都有，他們眼中的海蒂是個什麼樣的人？看看佑蓮、阿花、雅雲、Sugar、Sandy、阿歐、千千、綢子怎麼說！

匿名：佑蓮
年齡：28
職業：公

Q：第一次看見海蒂的作品是在何時？哪裡？
A：2006年8月，在「創意市集101」中搜尋到海蒂與小兔的身影，馬上被兔兔無辜的悲傷表情吸引住，超愛它的。

Q：買海蒂的第一件作品是什麼？現有幾件？
A：因為一隻白Q毛玫瑰花花衣小兔與海蒂結識，這只零錢包到現在還捨不得用，被好好收藏在衣櫥裡，幻想著將來要把它放在自己的海蒂展示櫃裡。目前已有15件。

Q：最喜歡海蒂作品中的哪個人物？為什麼？
A：當然是八字眉悲傷小兔囉，心情不好時看著它苦苦的臉，反而能讓心情變好喔！

Q：希望海蒂接下來設計哪種角色和產品？
A：兔兔已經超級可愛了，不過仍希望海蒂能設計出更多可愛的小動物，像小狗、小熊、小獅子等等。因為自己喜歡蒐集手札本子，如果小本子能有暖暖的小兔衣，一定會更幸福的。

Q：從哪裡得知海蒂的近況和市集訊息？
A：看海蒂的部落格是我每天的例行工作，留留言和海蒂說說話也慢慢變成了一種習慣；只要常常上海蒂的部落格，可獲得所有訊息喔！

匿名：阿花
年齡：20
職業：學生

Q：第一次看見海蒂的作品是在何時？哪裡？
A：第一次看到海蒂的作品，也是在一個偶然的狀況下。不知道那天我為什麼會去逛黃子佼的網站，然後到處亂點，連結到海蒂的相簿，好奇之下進去看看，哇！看到很多表情有點憂傷，但又可愛的小兔們，不知不覺就喜歡上他們了。

Q：買海蒂的第一件作品是什麼？現有幾件？
A：禿頭小兔，尤其是花布的。第一次進去海蒂的相簿，一眼就愛上禿額小兔，那時我正在找畢業禮物，想送給一個很要好的朋友。感情很好的我們就像是「雙胞胎姊妹花」，又都很喜歡小花，當下決定向海蒂訂購花布小兔，小兔上繡了我們的暱稱，很有意義又值得收藏。目前已有12件了。

Q：最喜歡海蒂作品中的哪個人物？為什麼？
A：最喜歡海蒂的兔子了！豐富的表情，尤其是愁眉苦臉的苦瓜臉表情最可愛。我也很喜歡海蒂畫海蒂，海蒂畫的人物比較孩子氣，但又有另一種純真、溫馨的感覺。

Q：希望海蒂接下來設計哪種角色和產品？
A：希望小兔這個角色仍能持續下去。海蒂的動物系列也都很有特色，不過我希望海蒂可以再多畫和創造一些人物的商品。

Q：從哪裡得知海蒂的近況和市集訊息？
A：大部份都是從海蒂的網誌知道海蒂參加的市集，也能從中了解到海蒂的相關消息。另一部份則是從其他市集的網站得知。

名字：雅雲
年齡：27
職業：理財顧問

Q：第一次看見海蒂的作品是在何時？哪裡？
A：是在網路上，但是第一次見到海蒂本人，是在2006年12月的衣蝶市集。

Q：買海蒂的第一件作品是什麼？目前已有幾件？
A：手繪小兔。目前已有12件了！

Q：最喜歡海蒂作品中的哪個人物？為什麼？
A：最喜歡「禿頭小兔」了，手繡的圖案非常童趣，有令人會心一笑的溫馨，尤其加了小花，更是可愛。

Q：希望海蒂接下來設計哪種角色和產品？
A：可以來個海蒂小熊，最好有家族系列的一套，還可以說說故事。希望接下來能有手提袋、筆帶、書套。

Q：從哪裡得知海蒂的近況和市集訊息？
A：當然是海蒂的部落格啊！

名字：Sandy
年齡：26
職業：保險業

Q：第一次看見海蒂的作品是在何時？哪裡？
A：2005年12月的第一天！在海蒂無名的專屬部落格上。

Q：買海蒂的第一件作品是什麼？目前已有幾件？
A：可愛的午安枕——小綠草No.009，海蒂說這是方便流口水的花色哦！ 目前有2件。

Q：最喜歡海蒂作品中的哪個人物？為什麼？
A：最喜愛的就是「自信的小兔」了，因為驕傲得太可愛了。

Q：希望海蒂接下來設計哪種角色和產品？
A：用小獅吼吼的造型，再創一個新的角色也不錯！希望能設計隨身面紙小兔套。

Q：從哪裡得知海蒂的近況和市集訊息？
A：通常都是上海蒂的部落格得知她的近況和市集訊息。

匿名：阿歐
年齡：16
職業：學生

Q：第一次看見海蒂的作品是在何時？哪裡？
A：說起來感覺真古老，我可得好好回想。好像是不小心在網路上看到的耶！光看到小兔的表情，覺得實在可愛過了頭吧！也就在那時，我一步一步掉入海蒂漩渦之中，久久難以自拔。

Q：買海蒂的第一樣作品是什麼？目前已有幾件？
A：第一次在市集上就買了2隻，一隻身穿大大玫瑰花布的普通型小兔，以及有著同樣花色的抱枕。那只抱枕，現在正躺在我最好的朋友身上。目前已有7件。

Q：最喜歡海蒂作品中的哪個人物？為什麼？
A：有點不好意思，當然是特別訂製的阿歐小人嘍。那隻是專門為我而做，世上獨一無二的呀！

Q：希望海蒂接下來設計哪種角色和產品？
A：海蒂娃娃！希望接下來能多設計些衣服。

Q：從哪裡得知海蒂的近況和市集訊息？
A：通常都是上海蒂的網誌瀏覽！我偷偷摸摸的觀察，每天更新海蒂的情報，歡迎大家和我一起上網誌http://www.wretch.cc/blog/heididoll。

匿名：千千，小波妹的娘
年齡：坐三望四
職業：辛苦的上班族＋操勞的母親

Q：第一次看見海蒂的作品是在何時？哪裡？
A：今年過年時蘋果日報上有大篇幅的介紹，當場眼睛閃閃發亮，發誓一定要找機會去堵海蒂。

Q：買海蒂的第一樣作品是什麼？目前已有幾件？
A：小兔手機袋、小兔午安枕、3隻禿頭小兔所組成的小波妹三口之家。目前有6件。

Q：最喜歡海蒂作品中的哪個人物？為什麼？
A：最喜歡的是「禿頭小波妹」，因為那是海蒂訂製款，上面還繡上了名字，特別嬌小可愛，怕小波妹禿頭會傷心，所以還加上一撮毛髮裝可愛。

Q：希望海蒂接下來設計哪種角色和產品？
A：只要是海蒂親自設計的都好，最好可以組成一個海蒂動物園般熱鬧。希望海蒂能設計些包包、髮飾、帽子等生活用品。

室外消防栓
水帶箱
Hydrant
Fire Hose

we

SEA HARBOUR

Love
had do
HEiDi

Heidi's friends

好友眼中的海蒂

踏入未知的創意市集，面臨不少的阻礙和挫折，
朋友們的支持和幫助，
是讓海蒂更努力朝這條路邁進的動力。
揪安、Dada、MiMi、涂小毅和史丹利霸
這些朋友們對海蒂有什麼建議？

匿名：揪安
年齡：26
職業：倒在路邊的外星人

Q：你和海蒂的關係、怎麼認識海蒂的？
A：我們是大學同學！和海蒂是在動物園認識的（笑），不是啦！我們是在台灣藝術大學認識的，還是同班同學。

Q：你眼中的海蒂是個怎樣的人？海蒂給你的感覺？
A：我認識的海蒂，是個非常、非常愛畫畫、哼哼唱唱的女孩兒，只要有畫筆和紙張，畫畫就會讓她很快樂，也很有衝勁，願意嘗試各種創作活動，即使要顧及許多現實的問題，還是能跨越許多障礙，不斷朝目標邁進，兼具了阿信的堅忍個性，和阿爾卑斯山少女般的天真浪漫性格。

Q：有參觀過海蒂的創意市集活動嗎？
A：OF COURSE，最早還一起在敦南擺過攤呢！每次映入眼簾都是大大小小的兔子玩偶，真是可愛極了。海蒂總是笑咪咪，很有禮貌地招呼每個大小朋友，也常常和其他攤友互相交流，是非常熱鬧又有趣的活動喔！

Q：對於海蒂參加創意市集的看法？
A：其實能夠全心全力投入創意市集的人真的很不容易，所有流程從選材料、製作到販售都是一人作業，需要非常大的毅力與很強的執行力才有辦法持續。海蒂絕對是付出了許多心血在經營創意市集上，相信也從中獲得了許多經驗，不過這都是靠她自己的努力，才有那麼多可愛的朵兒玩偶誕生，真的有一群人是像海蒂一樣，很用心在創意市集耕耘的。

Q：給海蒂一些意見？
A：我不會幫海蒂加油或給她什麼具體的建議，我想對於每位創作者來說，只有本人能了解從事創意相關產業的甘苦。親愛的海蒂呀！當然希望妳在創作之路海闊天空自由發揮；不論未來的妳有何發展，相信都是妳的決定；我只有一句話：「我挺妳啊！」

匿名：dada（邵易謹）
年齡：29
職業：未定義

Q：你和海蒂的關係、怎麼認識海蒂的？

A：海蒂是我大學小兩屆的直屬學妹，認識這麼多年後，還是在見面時很熱情地喊到：「學姐?」她平易近人的個性，讓我們變成互吐苦水、分享生活感受的好朋友。

Q：你眼中的海蒂是個怎樣的人？給你的感覺？

A：「單純的心＋勇氣＋毅力」。外貌上，海蒂也算是人界中的不老精靈。印象中，從第一次見面到現在，沒有什麼太大的變化，反而給人一種越來越年輕亮麗的感覺，永遠充滿活力，很會搭配服飾，也許是她對色彩有異於常人的敏感度。

行為上，有一杯好喝的奶茶就很滿足幸福的人，所以送吃的東西給她很有成就感。當我第一次看到手工小兔時：「這簡直就是海蒂的翻版嘛！」不一樣的是，小兔的表情反應了她內心淡淡的憂傷，但現實生活中，即使遇到困難或傷心事，海蒂總是會先露出笑容，連嘆息都是那麼地輕描淡寫。她有顆不同於外表的堅強的心，能承受各方壓力並照顧家人和朋友。

Q：有參觀過海蒂的創意市集活動嗎？

A：有空就會去探海蒂的班，看看有沒有新的作品出爐。而且很喜歡看她佈置自己的小窩，小桌子、小椅子，感覺就像在辦家家酒。海蒂親手做的小兔們神韻很吸引人，拿來與朋友分享最適合不過，解決我長期不知該送什麼給別人的苦惱，之後每次送禮都能驕傲地說：「這是我學妹做的啦！」誠意十足。

Q：對於海蒂參加創意市集的看法？

A：創意市集這個近幾年來才在台灣紅起來的藝術活動，讓年輕、沒經驗卻喜愛創作的人有了發表自己藝術想法的機會。海蒂的努力，使她成為這波浪潮中的佼佼者。前陣子得知她還參加日本的創意市集，胸懷滿腔的熱血，其實經營創意市集的活動相當辛苦，時間長、不穩定，還要日曬雨淋，非得有一股熱情支持不可，而海蒂正擁有這股熱忱。

Q：給海蒂一些意見？

A：聽多了大家希望妳可以往不同方向嘗試的建議，你是不是開始徬徨了？但我相信妳一定有自己的想法，不會亂了腳步。因為當初妳就是希望有自己的空間才有小兔的誕生，希望你能保有這個小天地。除了創意市集，那個聽説很久的插畫展何時會舉辦呢？我可是很喜愛你的插畫。身為觀眾的我還想貪心地問：「有沒有新小兔、新作品、新圖啊？」雖然期待新作品的出現，不過每天都會看著掛在牆上那編有063號的元老小兔，期待自己也能和海蒂一起追求美麗的夢想。

Heidi's friends

匿名：MiMi
年齡：秘密
職業：一個星期＝1/2教畫＋1/2縫剪刀兔

Q：你和海蒂的關係、怎麼認識海蒂的？
A：說到我跟海蒂的關係，真是良師益友兼好姊妹。我在第2屆的南海市集裡看見了海蒂，她設計的朵兒小兔深深吸引我，後來在網路上不經意發現她的部落格，鼓起勇氣留言，沒想到得到海蒂超親切的回應，還和我交換作品（小虎）。當時海蒂在敦南誠品書店前擺攤，我興奮地拉了姊姊一同前往，就這樣認識了海蒂！我本身也喜歡創作，也由於海蒂的鼓勵，讓我對自己的作品更有信心，海蒂謝謝你！

Q：你眼中的海蒂是個怎樣的人？給你的感覺？
A：海蒂是個重感情且親切、好相處的人，別看她總是像個小女生般蹦蹦跳跳，更有細心的一面。在工作上，行動力超強，是一個無敵快手，動作超快，縫朵兒小兔快、畫畫快、打字快、說話更快……，是個拼命兔子王。還有勇於追求理想與愛情的執著，都讓我佩服。

Q：有參觀過海蒂的創意市集活動嗎？
A：有！一開始在海蒂旁邊擺攤，很有安全感。海蒂的攤子人氣一直很旺，不信嗎？當你下次前往市集，一眼望去，最多女孩擠在一起的攤位，絕對是海蒂。

Q：對於海蒂參加創意市集的看法？
A：參加創意市集的工作者什麼類型都有，像海蒂這樣樂於和人相互交流，開心分享擺攤、創作心得的人著實不多。像之前我們一起去東京參加Design Festa24的活動，看見她親切地用日、英文和日本人交談，深覺創意市集無國界。

Q：給海蒂一些意見？
A：創意市集需要耗費極大的時間、精力和金錢，時常一不注意就工作超時，生活作息混亂更是常見。希望海蒂為了廣大的兔迷們多多保重自己，創作出更多特別的角色與故事，我會在心底永遠支持你。

匿名：涂小毅
年齡：27
職業：室內設計師

Q：你和海蒂的關係、怎麼認識海蒂的？
A：和海蒂是兩年半前因設計工作結識的好朋友，兩個完全不同的設計領域，但也正因如此，從一開始的不熟悉，討論著彼此的設計，給予意見，設計過程中碰到一連串的「奧客」和不如意，很自然地，我們成為互吐苦水、抱怨的好朋友，這也可以稱為患難見真情的友誼吧！

Q：你眼中的海蒂是個怎樣的人？給你的感覺？
A：有著傻大姊個性的海蒂，雖然年紀比我小，卻是個頗有主見的人。尤其對於創作，她清楚自己的方向，對於一些麻煩事，該說她固執？還是天不怕地不怕？只要想做，不管會不會受傷、被欺騙，都會一股勁兒埋頭苦幹。看看她創作出來的朵兒小兔，雖然一臉的苦瓜臉，但隱約透露出一種不屈不撓、堅毅的神韻，就像海蒂本人，有一顆溫暖堅強的心，是個百分百的好人。

Q：有參觀過海蒂的創意市集活動嗎？
A：我們也可以說是在創意市集中認識的好友，某次她的攤位正巧在我旁邊，當天活動人潮不多，百般無聊中開始閒聊，順便欣賞彼此的攤位佈置，瞧瞧對方的作品。她可愛的作品讓人愛不釋手，忍不住把玩一番，一隻小兔就可愛到爆，你能想像整張桌子都擺滿小兔的景象嗎？

Q：對於海蒂參加創意市集的看法？
A：對於創作新手，一開始參加創意市集是個不錯的經驗，因為市集可以聚集人潮，恰巧又屬於年輕層級。而海蒂的作品很受到年輕人的喜愛，創作經過市場的歷練就能不斷更新，使自己更加成長，這些都是參加創意市集直接面對客人能得到的寶貴經驗。

Q：給海蒂一些意見？
A：創作是一條不歸路，日以計夜的努力，也許一夕之間就泡湯，除了多保護自己，還得想辦法適應環境。生處在台灣，自然知道台灣人的壞習慣，像「抄襲作品」、「對創意不尊重」等等，是許多創作人都會面臨的困擾，除了要堅持本身的意念，還要走出自己的路，的確不容易。善良的海蒂，相信傻人自有傻福，即使創作路上總有波折，但機會總是源源不斷，你努力把握住每個機會，努力向前衝，這份幹勁使人動容，期待你下個創作，一定是令人愛不釋手的好設計。

匿名：史丹利霸
年齡：26
職業：學生

Q：你和海蒂的關係、怎麼認識海蒂的？認識多久了？
A：我跟海蒂是大學同學，屬海蒂麻吉團的一員，認識到現在也快7年了吧！交情深厚，一輩子的朋友啊！

Q：你眼中的海蒂是個怎樣的人？給你的感覺？
A：從海蒂的插畫作品裡可看出她似乎有著用不完的創意和想法，這其中也表現出她的想法和感情。我眼中的海蒂是個有想法、有創意和有實力的人，她有著金牛座的牛脾氣，堅持又固執，偶爾也會鑽鑽牛角尖，不過，這並不是缺點，也因為她的堅持，大家才能看到現在的海蒂朵兒。

不管是大學時代的海蒂，進入社會的海蒂，或者現在的達人海蒂，她一直都為了目標和理想努力，雖然遇到不少困難和麻煩，但是海蒂從不會躲避或退縮，總是樂觀積極地去面對，改變她所遇到的困難，就像她的小兔們，有著哀傷的表情，卻又可以帶給人們開心，讓擁有的朋友們感到快樂，我想，小兔上有著海蒂的影子，有種歷經滄桑卻又不失天真可愛的感覺。

Q：有參觀過海蒂的創意市集活動嗎？
A：當然有，我可是海蒂的店員啊！只要海蒂參加市集，我幾乎都會去探班，最喜歡去現場幫海蒂叫賣，偶爾也幫忙將小花縫在小兔上。記得有一次在華山藝文特區，許多粉絲們帶著自己的小兔回娘家來支持海蒂，排隊和她合影，甚至有來自新加坡、香港的朋友們，看到大家對海蒂的支持，真是太讓我感動了！

Q：對於海蒂參加創意市集的看法？
A：海蒂參加創意市集好幾年，從北美館美術節藝術市集、牯嶺街創意書香市集到CAMPO的創意市集，都可以看到海蒂與小兔的蹤影，這是海蒂與大家見面的機會，身為好友的我，希望海蒂接下來能企畫一些新活動，讓小兔發揚光大！

Q：給海蒂一些意見？
A：海蒂為了自己的創作持續努力著，作品也很受到大家的支持，但在這受歡迎的光環下，她花了相當多的時間和經歷去完成每個作品。每次打電話給她，千篇一律地都在縫小兔，實在很擔心她有天會體力耗盡。休息是為了走更長遠的路，希望海蒂能適時放鬆身心，作品才能源源不絕。

hed do
HeiDi

My Favorite Artists and Designers

遇見心中的藝術家和設計師

從小就喜歡自己塗塗畫畫，更愛看童話書，插畫家阿保美代的書更是來者不拒。後來看了宮崎駿的卡通，更深深迷戀不可自拔。進入台藝大後，課堂上接觸到各類的藝術家們，安藤忠雄、龐均等，都是喜愛的大師。

講述少女進入神靈世界
搶救父母的過程，
相當精彩有趣。

我喜歡小動物，
而故事中的主角是個能
和動物溝通的人。

宮崎駿（Hayao Miyazaki）→

我的啓蒙大師。這位動畫大師我想大家應該都很熟悉了，所以不需要多做介紹吧！其實我小時候不太看卡通，六年級開始接觸宮崎駿的動畫後，才眞正喜歡上動畫。爲了要學做動畫，我拼命考上台灣藝術大學的視傳系，即使現在做的工作和動畫完全無關，但他對我後來踏上設計這條路，有著決定性的影響。去日本參觀宮崎駿博物館時，感動得快跪下來哭了，哈哈！最喜歡的一部作品是1992年的《心之谷》。曾經在課堂上報告宮崎駿的作品，也不知道當時哪來的力氣，把他每一部作品的年份、特色倒背如流，現在想想當時還眞瘋狂。

安藤忠雄（Tadao Ando）→

我喜歡他沉穩的建築、與自然和環境融合的建築。第一次接觸是在課堂上，可能的話，很希望可以到光之教堂結婚。

龐均（Pang Jiun）→

大學時我的油畫老師，很慶幸自己開始接觸油畫就能遇到這麼好的老師，雖然我在課堂上的成績不是很好。很喜歡龐老師對於色彩的運用，線條的力量，對於我在繪畫上的影響也很深。

阿保美代（Miyo Abo）→

我最喜歡的插畫家。我很佩服阿保美代能夠用如此單純的線條、點描方式表現出空間的廣大，甚至可以感受到畫面中空氣的味道、溫度，看到露珠折射出的光芒。看阿保美代的文字和畫面，總能讓心情平靜沉澱，彷彿一切雜音都不見了。文字很輕很美，總是捨不得看完。國中時在表姊家看到第一部阿保美代的作品是《阿保的童話》，從此我就開始尋找阿保美代的作品，不過很難找。很幸運的是在1999年，張老師文化開始出版阿保系列的書籍，我一口氣全系列都買齊了，開心得不得了！

阿保美代早年的作品，
我到現在還保存著。

I Love Music and Books

讓人心舒服、開朗的音樂和書籍

音樂在我的生活中無所不在，尤其當我在工作忙碌時，邊聽音樂不僅可以提昇工作效率，更能適時放鬆我的心情，完全沈浸在自己的世界裡。

我喜歡的音樂種類很雜，除了重金屬搖滾樂比較不聽之外，其餘像電影原聲帶、流行音樂、樂團、卡通歌曲、演奏樂曲……，幾乎什麼都聽。不過，聽了會讓人覺得舒服、心情跟著開朗起來的音樂始終是我的最愛。一些音樂都是陪伴我許久，讓我好好介紹給你！

CD的外包裝設計很特別，鏤空的設計很像一層一層的花園。

電影原聲帶→

我喜歡看電影，當然不能少了聽電影原聲帶，《秘密花園》、《生命是個奇蹟》、《放牛班的春天》，前一陣子很喜歡聽的《悄悄告訴她》，後來因爲搬家，CD不見了，只剩下空殼子。

這部電影逗趣幽默，很喜歡裡面快節奏的音樂。

純演奏→

愛聽林海、王雁盟、久石讓(Joe Hisashi)純演奏的音樂，聽了感覺整個人輕飄飄，很舒服，心情也會特別平靜。腦中常常自然浮現很多有趣的畫面，對於我的插畫創作有很大的幫助。

光是封面的圖片，就讓人感覺自己到了遠方，我第一次買的林海專輯是「貓」。

卡通動畫→

國高中時期蒐集了很多迪士尼動畫的原聲帶，《小美人魚》、《美女與野獸》、《白雪公主》、《阿拉丁》、《獅子王》……，陪我度過快樂時光。日本動畫大師宮崎駿(Hayao Miyazaki)動畫的原聲帶也是幾乎每一張都有，當初瘋狂到跟同學借錢來買CD，更誇張的是雖然不太會彈琴，但還是

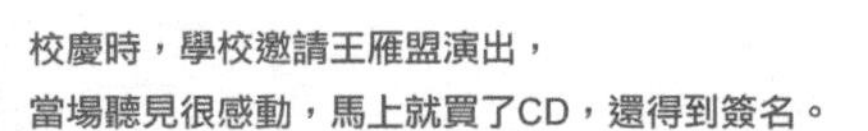

校慶時，學校邀請王雁盟演出，當場聽見很感動，馬上就買了CD，還得到簽名。

最喜歡的一部是《心之谷》，花了很多摳摳和時間在蒐集呢！

搜括了每一本樂譜，總幻想自己有一天能夠在琴鍵上感動自己，不過往往事與願違。

迪士尼的第一部長篇有聲動畫，不蒐集怎麼行。

流行歌曲→

平時沒事就愛哼哼唱唱，也和許多人一樣迷戀KTV的無限歡唱。因爲太愛唱歌，流行歌曲更不能放過，其中最喜歡的歌手是孫燕姿。從孫燕姿出道以來，我就非常喜歡她，幾乎每張專輯都有。她的歌總有一種激勵人心的力量，不管是失戀時、工作不順時，聽聽她的歌總能讓我打起精神，而她獨特的嗓音，我也非常喜歡，有種開闊的感覺，感覺很眞實。

這張精選集裡集合了很多很棒的作品，很多大家熟悉的中文翻唱歌曲也都來自她們的創作。

日文歌曲→

Judy & Mary、口袋餅乾這兩個團體的歌，讓人覺得精神振奮、充滿希望，最適合憂鬱沮喪時聽。還有另一種天籟美音，kiroro、森山直太郎(Naotaro Moriyama)，那種乾淨無污染，未滲入雜質的清新聲音，也能撫慰人的心靈。

和風輕輕吹
The winds blow.
The calf has grown.
London Hug

《春天來了》五味太郎

老實說我不太看雜誌，雖說身爲創作人好像應該要人手一本設計雜誌，但對我來說，好像就是，看了也不太懂？我還是熱中於看童書、繪本、漫畫，其中童書、插畫書我都蒐集了不少，畢竟那是我的本業！

我最喜歡的插畫風格，是簡單自然，令人感到舒服，輕柔的蠟筆、色鉛筆淡粉色彩，不過黑暗色調、看了心情會壞上一整天的我也接受，好笑且幽默，充滿童趣的也都喜歡，可見我接受的範圍極大。說到要推薦哪幾本作品，眞的傷透腦筋難以取捨，因爲實在太多了。我光是翻書架開始挑選喜歡的作品就躊躇了很久。像日本繪本五味太郎系列、阿保美代系列故事，《天空之歌》、《Little Bunny on the move》、《紅蠟燭與人魚》等等，是我樂於推薦的有趣作品。

春天來了
五味太郎

很喜歡這本書
漸進式的遠近構圖。

五味太郎系列→

我喜歡他的幽默、童趣、色調和人物。五味太郎的繪本總能讓我發出會心一笑，真的是太可愛了，簡單的文字，卻可以敘述出一整篇完整故事，真的很棒。《春天來了》、《巴士站》、《鱷魚怕怕》和《牙醫怕怕》，都是我非常喜歡的繪本。

阿保美代系列→

阿保美代則是我最愛的插畫家。首要推薦的是《阿保的童話》、《葛葉的訊息》和《森林小語》等等。充滿想像、溫柔的故事，喜歡自然、清新風格的人絕不能錯過。

《天空之歌》→

歐那莉由子著。一樣是清新自然的文字，線條彷彿有生命般律動著，暈染開的色塊，讓人不想從書裡回到現實。

阿保美代的作品不管是
哪一部我都很喜歡。

英文版的巴士站，
是在網路上購買的。

逛書店無意翻到，也是我第一次認識這位作者，
當下就非常喜歡，直接買回家了。

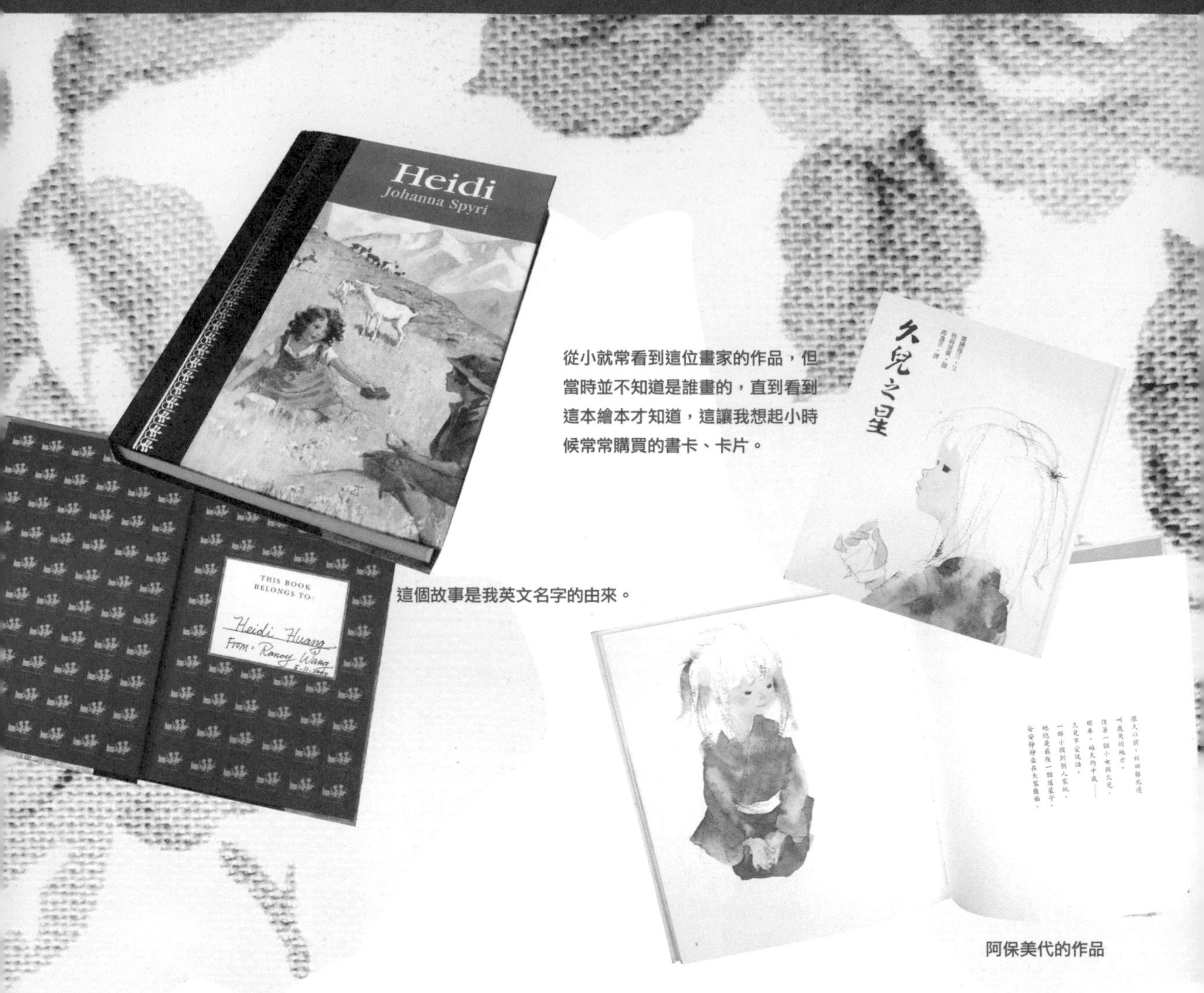

從小就常看到這位畫家的作品，但當時並不知道是誰畫的，直到看到這本繪本才知道，這讓我想起小時候常常購買的書卡、卡片。

這個故事是我英文名字的由來。

阿保美代的作品

《紅蠟燭與人魚》→

是一本黑暗到讓人心情壞上一整天的繪本，是很悲傷的故事。插畫的張力太強了，看了會有點怕怕的，但還是要推薦。

《久兒之星》→

這本繪本的插畫家我想大家一定不陌生，那就是「岩崎智廣」，渲染的風格與線條，她所繪的小孩維妙維肖，尤其生動。

Little Bunny on the Move
WRITTEN AND ILLUSTRATED BY
Peter McCarty
Bunny, Bunny going up the hill
Bunny, Bunny, can you not s
Where are you going, Little
"Here, I'm going here.

《Little Bunny on the Move》→

作者是Peter McCarty，這位畫家的作品很溫柔，故事也很溫柔，適合在有陽光的午後慢慢閱讀。

介紹書林出版社、來來書局兩家書店。喜歡童書的朋友們，可以到這兩家書店看看喔！因爲在童書出版社待過一陣子，所以知道了一些不錯的書店，平常找不到的原文童書、繪本，這邊的種類很多很齊全。

在台灣，奈良美智的作品同樣擁有許多支持的粉絲。

逛童書店時無意中看到，
喜歡兔子的我
當然不會放過這本繪本。

hed do
HEiDi
T334

Part 2

Heidi's DIY

【海蒂的DIY】

創意運用在生活中

喜歡海蒂的朵兒小兔、奔跑小兔、禿頭小兔和方塊小兔嗎？海蒂教你將這些可愛的東西與實用物品結合，自己DIY，讓你生活中時時刻刻充滿各種小兔！

準備開始製作海蒂的小兔們前，應先了解以下的工具，
可幫助你在最短時間內完成創作品。

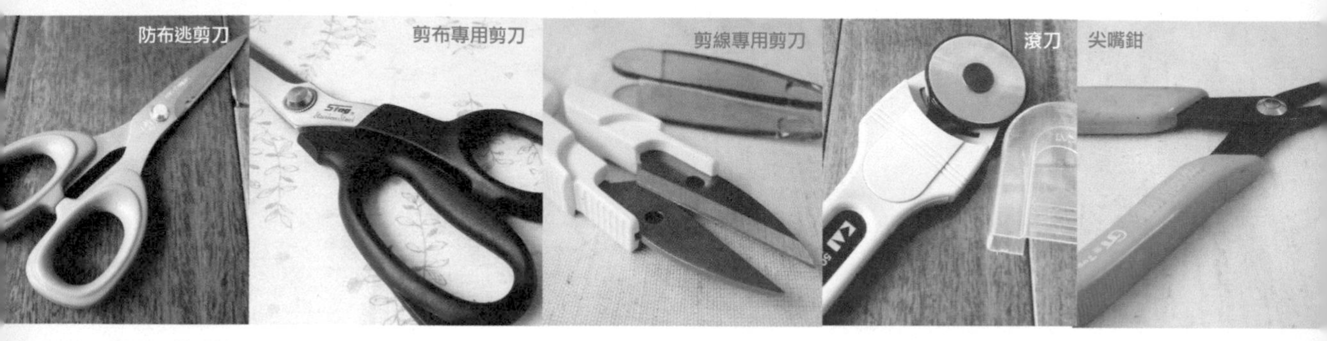

剪刀、裁刀類

每種剪刀都有不同功能，剪布專用的剪刀千萬不能拿來剪紙或其他東西，才能延長剪刀的壽命。滾刀很銳利，用來切割多層布，配合刻度尺一起用，使用時要小心以免傷手。而防布逃剪刀，是在剪質料比較絲滑的布時用的，以免滑掉。

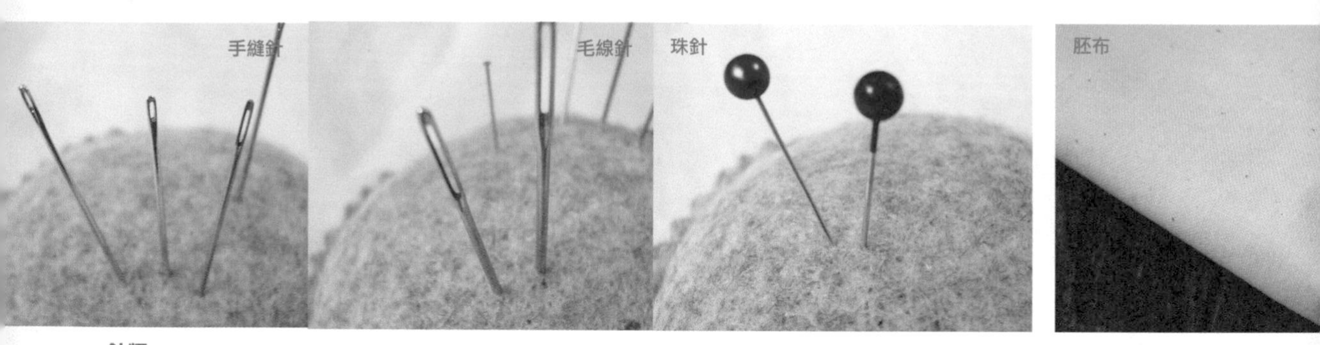

針類

製作手工藝品絕不可缺的針，有手縫針，還有針口比較大，可以穿過毛線或整把繡線，可用在繡花的毛線針，以及用來固定布料的珠針。

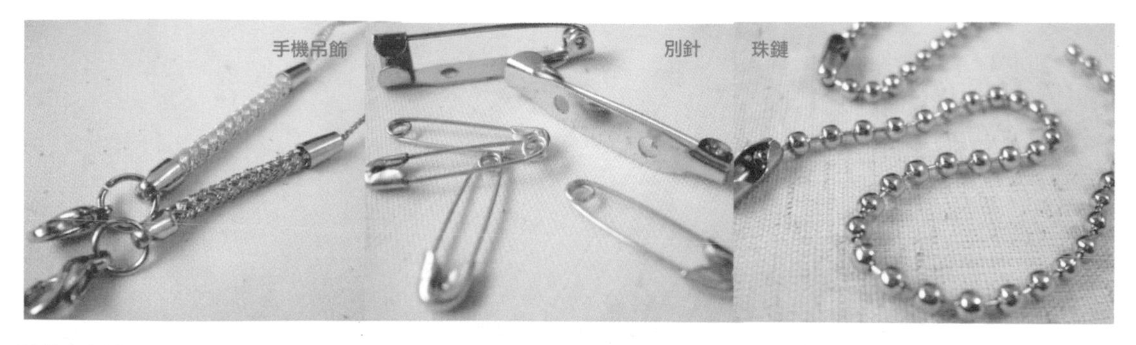

零件五金材料

這些小工具都可幫助你盡快完成作品，或者使作品更多添其他用途。像用來夾、彎曲各種五金材料的尖嘴鉗，還有在小兔身上加上手機吊飾、別針、珠鏈、鑰匙圈等，讓小兔更實用。

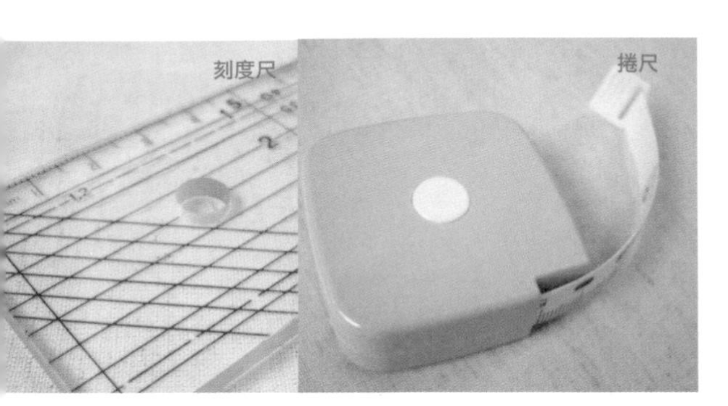

尺類

用來測量物體的尺寸，有用來量立體物品的捲尺，以及上面畫有各種刻度、角度，一邊量布一邊裁切時用的刻度尺。

線類

無論是手縫、機器縫或繡圖案，線更是缺少不可。書中比較常用的有一般手縫的棉線、繡花時用的繡線。

布類

布的種類很多，每種布都有其特性，可依不同作品選擇用布。以質地來說，一般最常見的是棉布、不織布和麻布，用途也較廣。

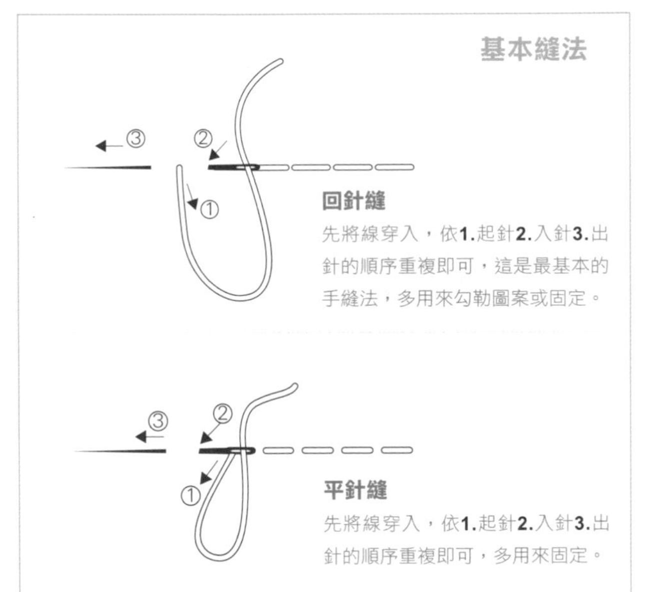

基本縫法

回針縫

先將線穿入，依**1.**起針**2.**入針**3.**出針的順序重複即可，這是最基本的手縫法，多用來勾勒圖案或固定。

平針縫

先將線穿入，依**1.**起針**2.**入針**3.**出針的順序重複即可，多用來固定。

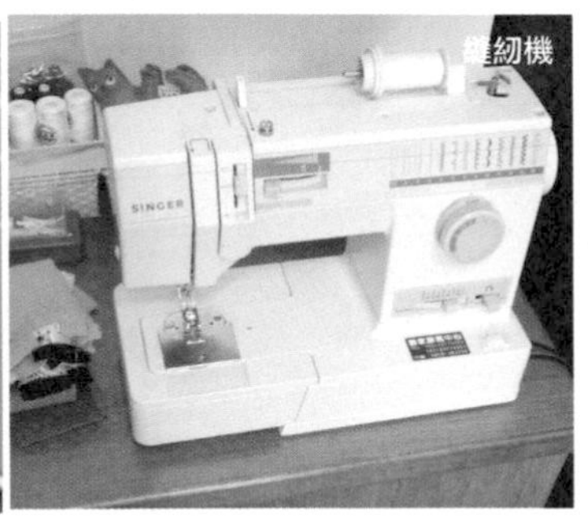

玻璃彩繪顏料

其他

本書另有使用到一些工具，像有刻度的切割墊板，還有我常使用的玻璃彩繪顏料，品牌是「LEEHO」，名字叫「Window Paint」，以及縫紉機。購買縫紉機時，建議選擇大廠牌的縫紉機，如「勝家」「車樂美」「兄弟牌」，價位依照縫紉機的功能不等，一般簡單功能只要購買4 ,000~7,000元的縫紉機就很夠用。

DIY
TIME
01
禿頭小兔
手機吊飾

禿頭小兔手機吊飾

完成尺寸：

長10×寬3.5公分（不含吊飾）

材料：

麻布30×30公分、各色繡線適量、棉花適量、手機吊飾1條、咖啡色絨毛粒布直徑10×10公分1片

裁布：

縫份皆為0.5公分，禿頭小兔版型2片

Tips

1. 記得在做法3.時，要預留2公分的反摺口，塞入棉花後再縫好。
2. 禿頭小兔身上的繡線，可選擇自己喜歡的顏色。

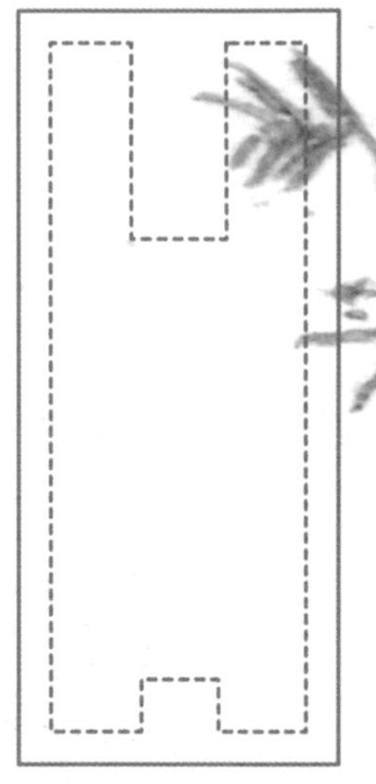

1. 沿著紙型（p.98）先將布裁好。先在一面布上畫上小兔花圖案。

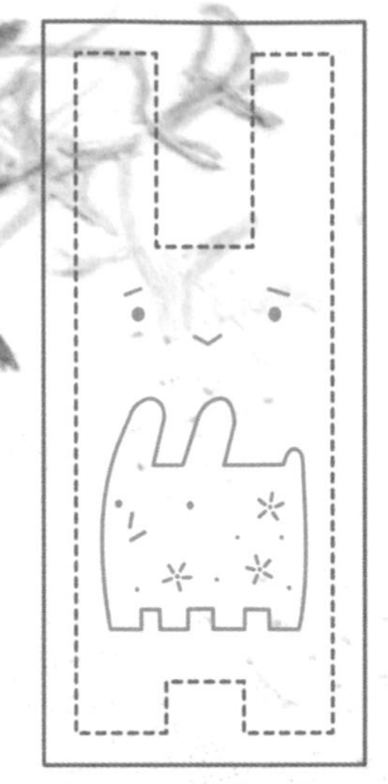

2. 取不同顏色的繡線，以回針縫繡好小兔花圖案。回針縫做法參照p.75。

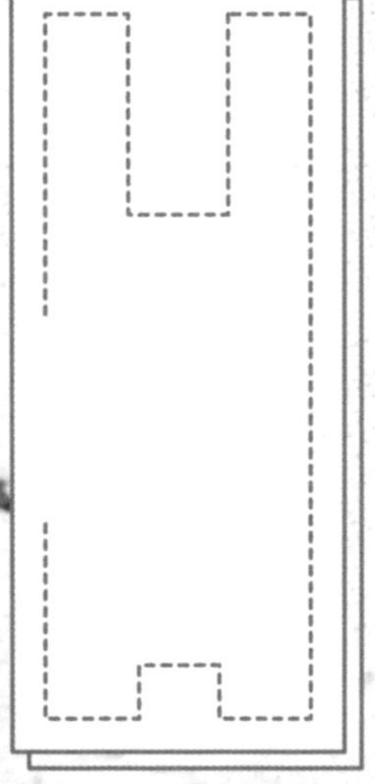

3. 將兩塊布正面對著正面縫好，留下2公分做反摺口先不要縫。

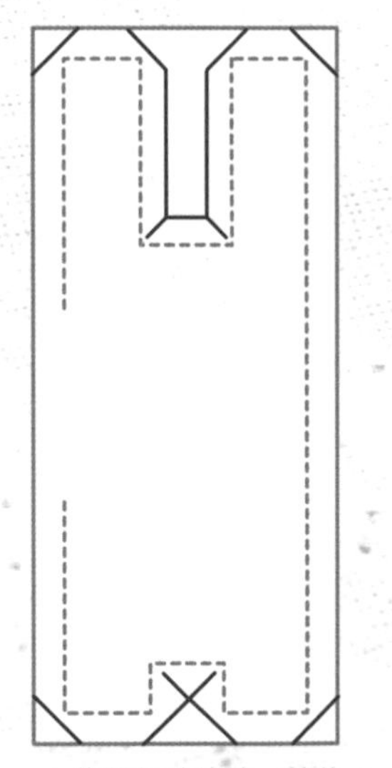

4. 依照紅線修邊，剪裁。

5. 塞入棉花，將洞口縫起來。
6. 縫上咖啡色頭髮和手機吊飾即可。

DIY
TIME
02
奔跑
小兔

奔跑小兔

完成尺寸：

8×10公分

材料：

粗麻布25×15公分、胚布25×15公分、各色繡線適量、棉花適量、別針1只

裁布：

縫份皆為0.5公分，奔跑小兔版型，表面麻布2片、內襯胚布2片。

1. 沿著紙型（p.98）先將布裁好。將麻布和胚布重疊好，在一面布上以回針縫繡上小兔表情、身上的圖案。回針縫做法參照p.75。

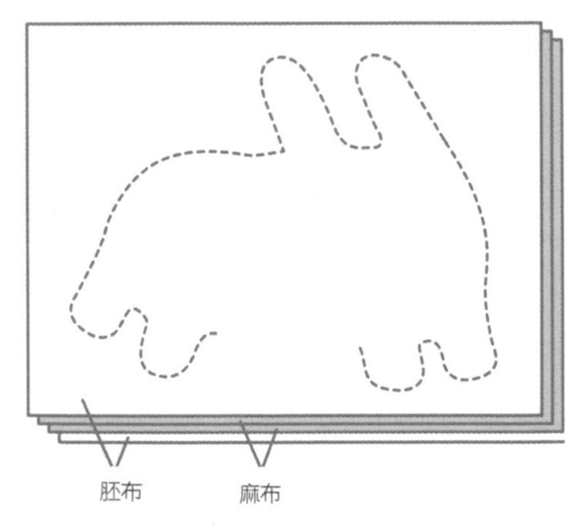

2. 將四片布縫起來，正面朝內，留下2公分做反摺口先不要縫。

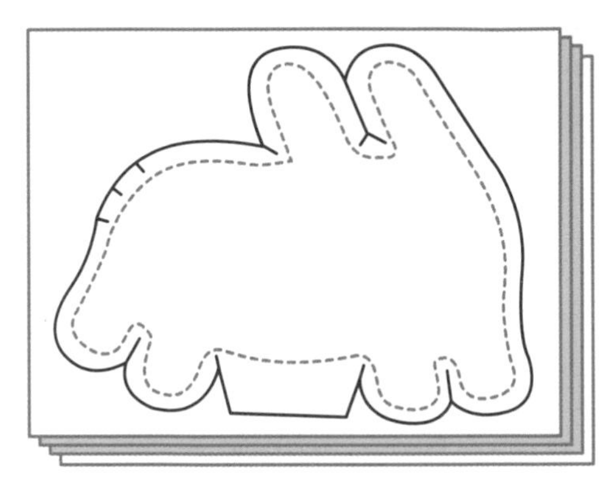

3 依照紅線修邊剪裁。

4 將布翻過來，塞入棉花，將洞口縫起來。

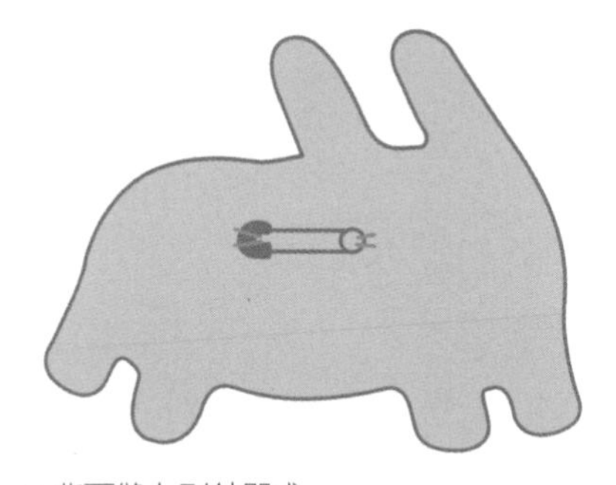

5 背面縫上別針即成。

Tips

1. 粗麻布織紋較粗，必須在內部用胚布作為襯布。

2. 可用毛線鉤1朵小花，或者以其他小物做裝飾。

DIY
TIME
03
方塊
小兔

方塊小兔

完成尺寸：
長5×寬3×高2公分

材料：
胚布30×30公分、各色繡線適量、棉花適量、花布30×30公分

裁布：
縫份皆為0.5公分，側身胚布左右各1片
上身胚布1片
前後胚布2片
底部花布1片

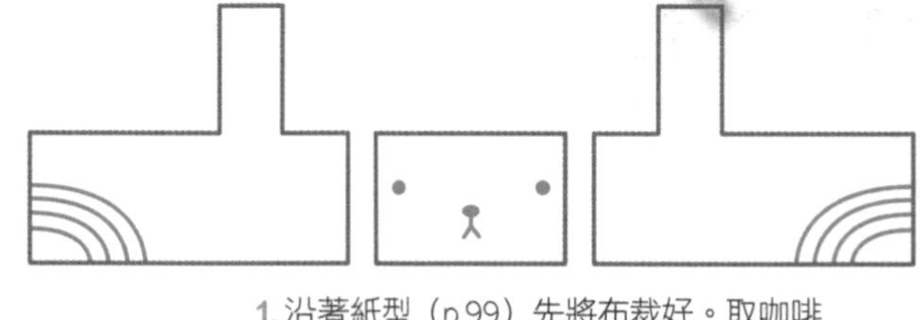

1. 沿著紙型（p.99）先將布裁好。取咖啡色線繡正面臉部表情，再取各色繡線繡好左右側身的圖案。

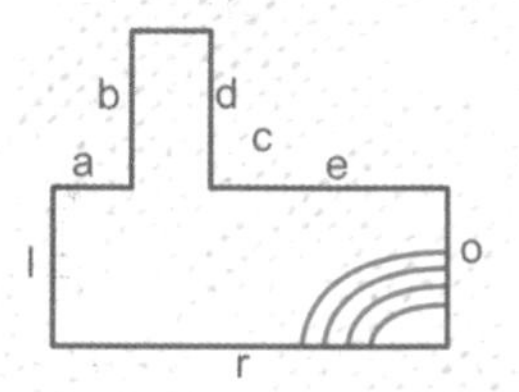

2. 將布的正面朝內，按照順序，將相同字母的地方接縫起來，t處先不要縫。

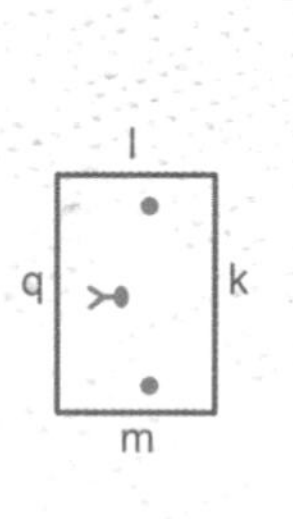

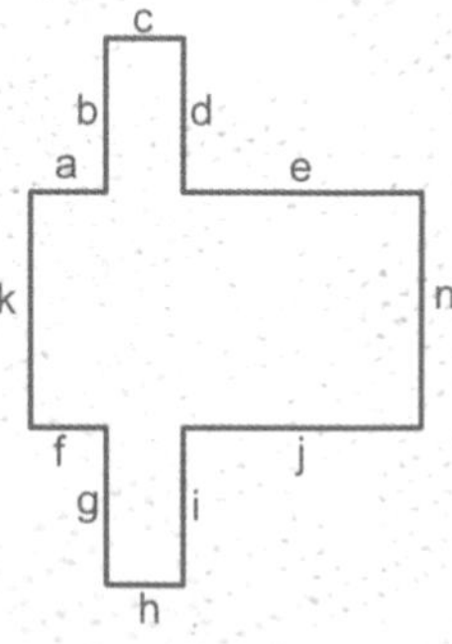

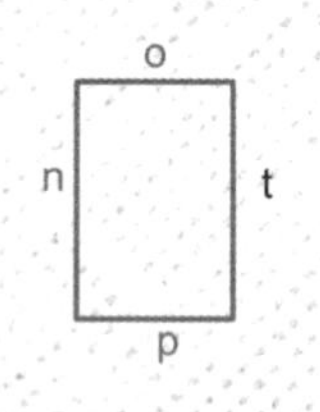

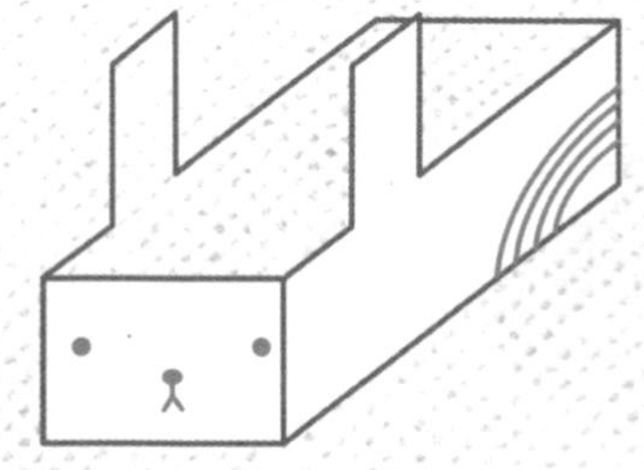

3. 最後在t 處塞入棉花，翻正面後再縫。藏好。

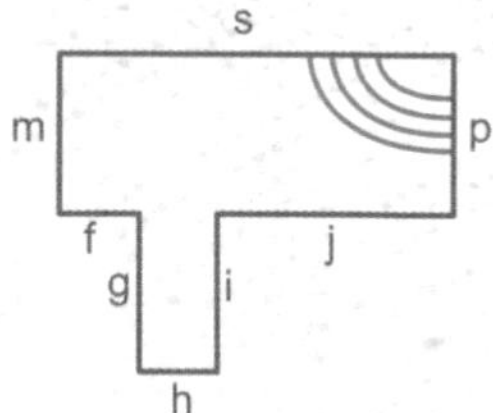

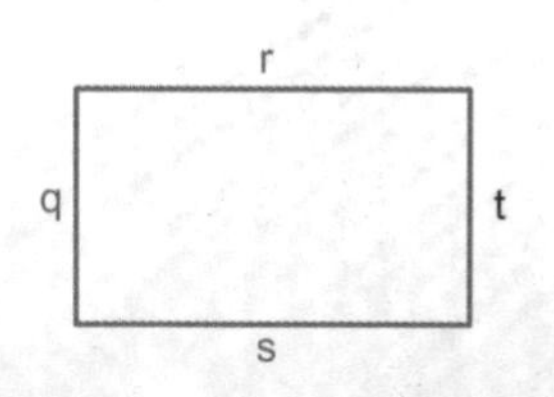

Tips

1. 方塊小兔是立體娃娃，縫合時比較困難，縫好後在轉折處記得剪開，如同禿頭小兔耳朵內側部份的處理方式，翻過來才不會皺皺的。
2. 方塊小兔側邊繡線，可選擇自己喜歡的顏色。

04 奔跑小兔書籤

奔跑小兔書籤

完成尺寸：
5.3×3.8公分

材料：
粉色不織布10×5公分、藍色不織布10×5公分、各色繡線適量

裁布：
粉色不織布小兔身體1片、藍色不織布背景1片

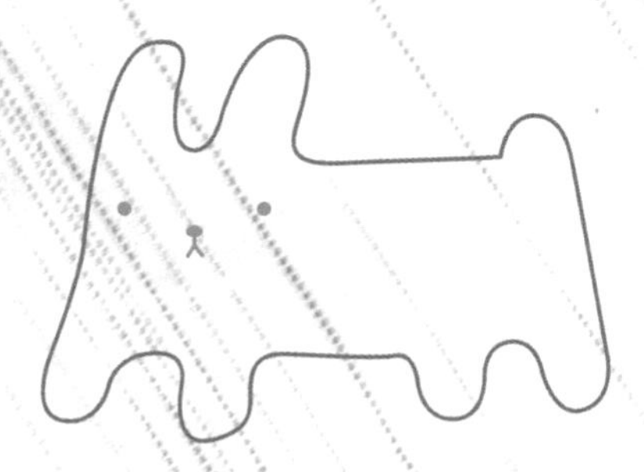

1. 沿著紙型（p.99）先將布裁好。將小兔正面臉部表情繡好。

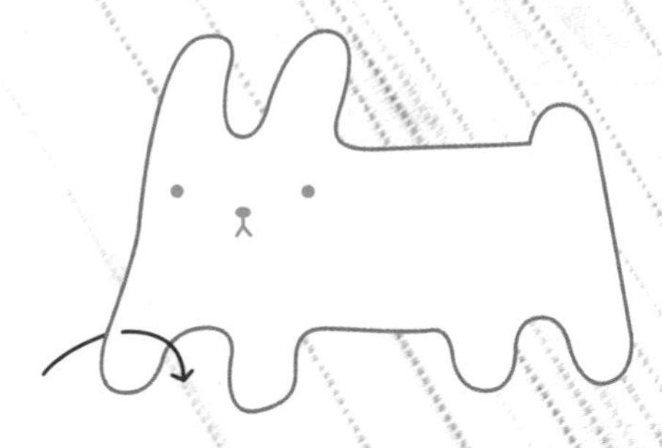

2. 先將線從小兔背面穿出正面，將線頭藏在裡面。

Tips

1. 可自己搭配不同顏色的不織布來製作。
2. 也可在藍色不織布上面穿一條皮革或細繩，可防止書籤易掉落。

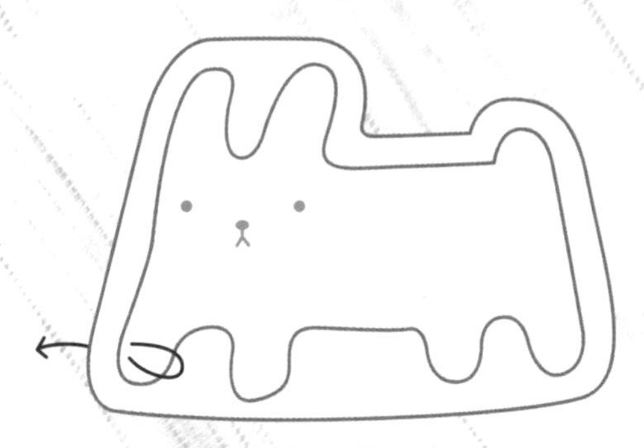

3. 如圖箭頭所示，第一針往下縫穿過草皮。

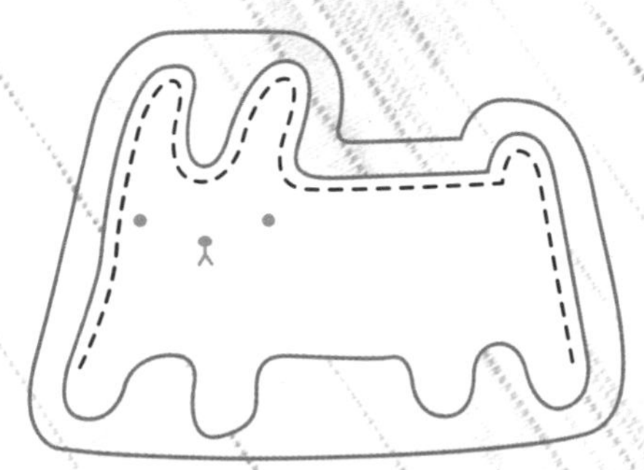

4. 以平針縫縫合小兔與草皮，縫至小兔後腳即可。平針縫做法參照p.75。

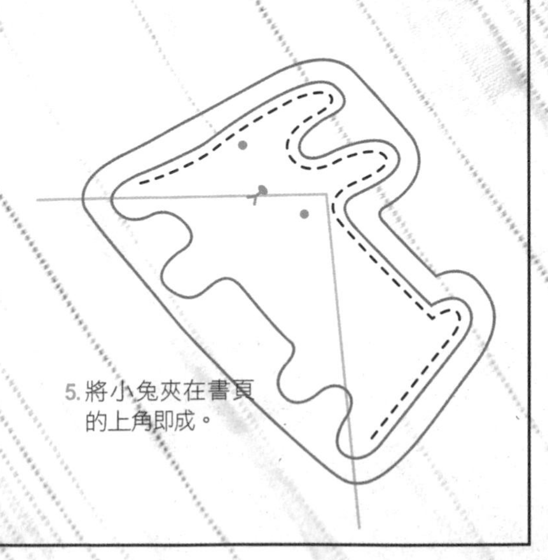

5. 將小兔夾在書頁的上角即成。

05

奔跑小兔餐墊

奔跑小兔餐墊

完成尺寸：
40×28公分（不含綁帶）

材料：
麻布50×35公分、花布50×35公分、粉色不織布25×15公分、藍色不織布6×6公分、緞帶15公分1條、各色繡線適量

裁布：
粉色不織布小兔1片、藍色不織布小花1片

平針縫

1. 沿著紙型（p.100）先將布裁好。在麻布上以平針縫上線條，平針縫法參照p.75。

2. 在粉色不織布上繡小兔臉部的表情。

3. 將做法2. 和藍色不織布小花，以平針縫在麻布上。

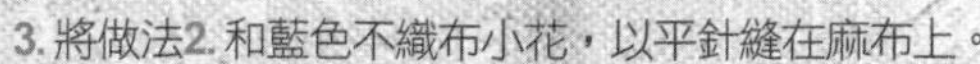

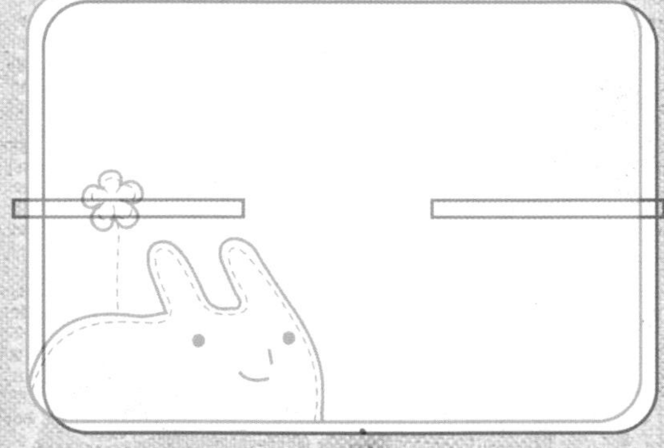

4. 將麻布和花布正面朝正面，將緞帶縫在左右兩側。
記得紅線處留洞口不要縫死，縫好後再翻正。

5. 沿著布的邊緣再縫一次即成。

Tips
1. 做法1.中在麻布上縫線條，可固定餐墊。
2. 做法5.在餐墊的邊緣再縫一次，可使餐墊的形狀更堅固。

06 朵兒小兔杯墊

朵兒小兔杯墊

完成尺寸：
10×11.5公分

材料：
白色絨毛粒布15×25公分、咖啡色布10×5公分、點點布15×10公分、繡線適量

裁布：
縫份皆為0.5公分，白色絨毛粒布頭髮1片，白色絨毛粒布背面1片、咖啡色布臉1片、點點布1片

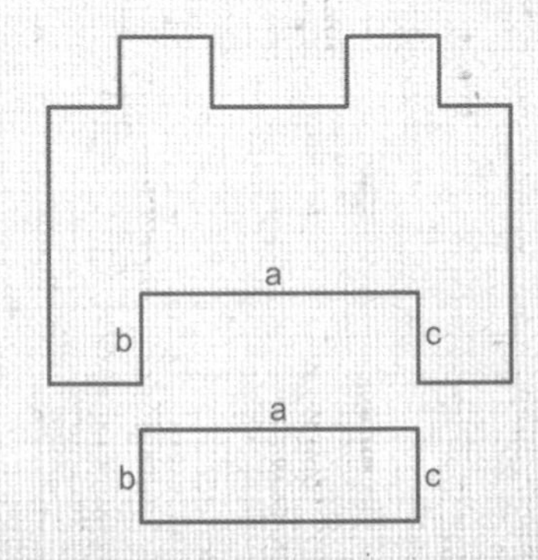

1.沿著紙型（p.101）先將布裁好。縫製頭髮和臉部，按照圖上a、b、c的記號縫好。

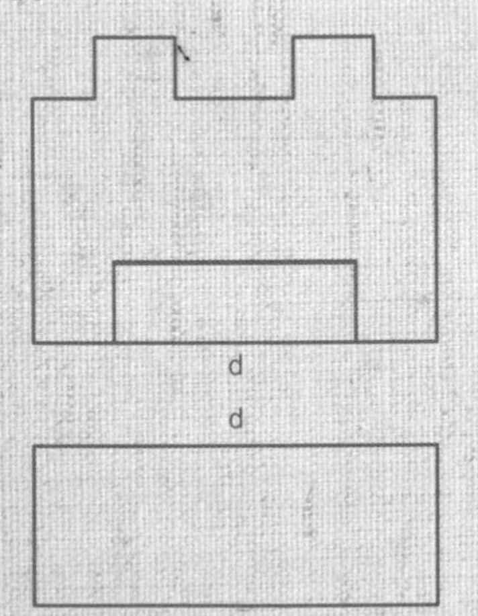

2.將完成的做法1.和點點布縫起來，即圖上的d。

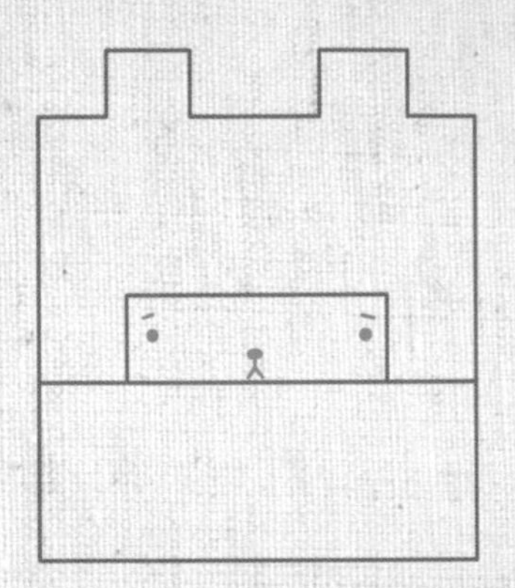

3.以白色繡線縫繡上小兔表情。

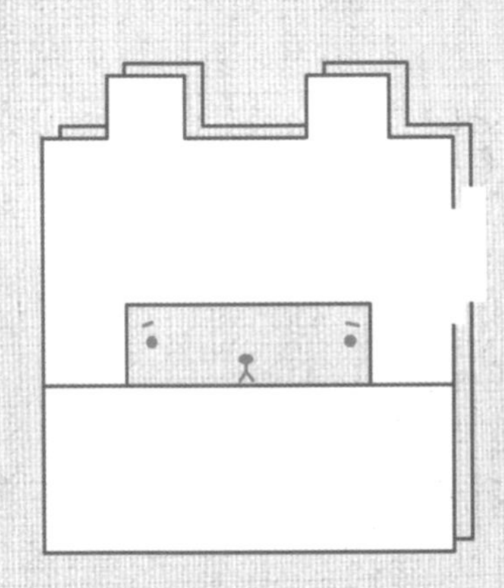

4.將做法3.和背面縫好，翻正面後再以縫合。

Tips

1. 記得在縫合a、b、c和d記號的時候要縫密些，否則完成品的臉部會出現小漏洞。
2. 也可以咖啡色絨毛粒布取代白色的，將臉部咖啡色布換成白色的胚布，布的尺寸不變，這樣就可以做出咖啡色版的小兔杯墊。

07
冬夏午安枕

冬夏午安枕

完成尺寸：

20×20公分

材料：

花布20×25公分、粉紅嬰兒棉布25×50公分、胚布10×25公分、布蕾絲25公分1條、編織蕾絲15公分1條、各色繡線適量

裁布：

花布長22×17公分（含縫份1公分）1片、胚布長22×7公分（含縫份1公分）1片、背面嬰兒棉布長22×19公分（含縫份1公分）1片，以及22×10公分（含縫份1公分）1片

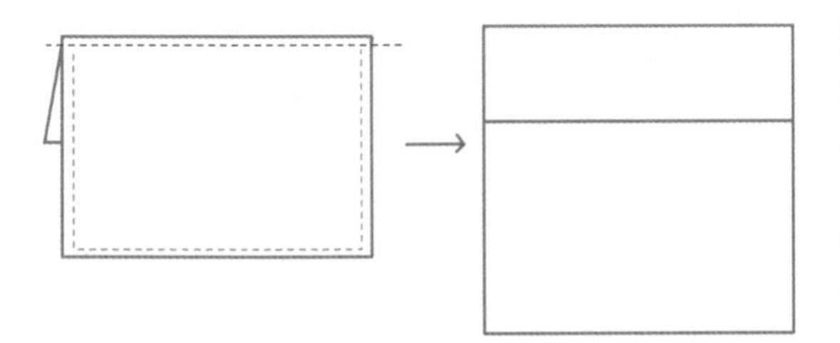

1. 沿著紙型（p.102）先將布裁好，將花布和胚布如圖所示拼接縫好。

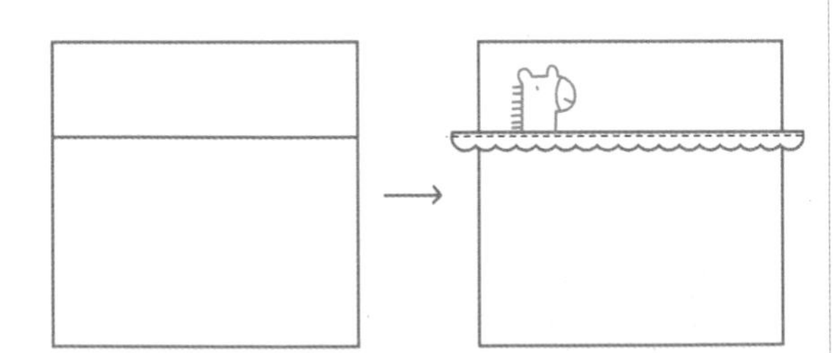

2. 縫上布蕾絲，繡上長頸鹿圖案。

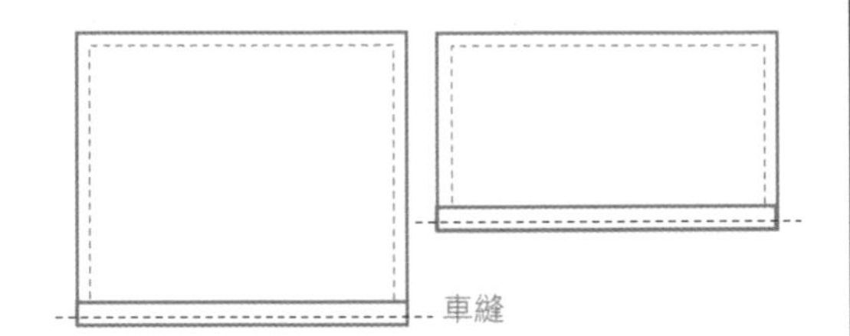

3. 將嬰兒棉布一邊往內摺1公分，然後縫起來，此為午安枕背面開口處。

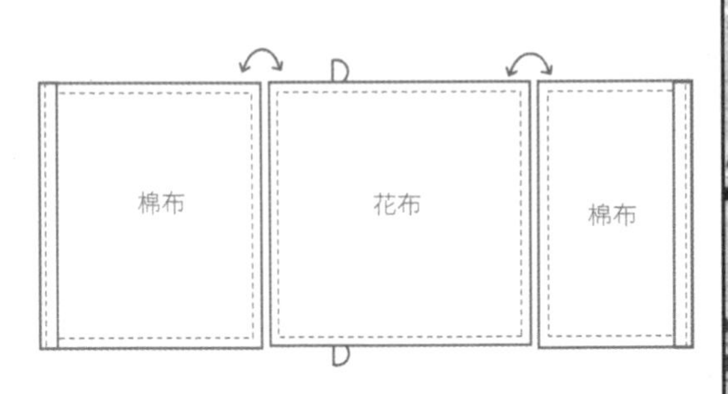

4. 將兩塊棉布和正面的花布連接並縫起來。

5. 花布短的在外，長的在內，正面朝內。

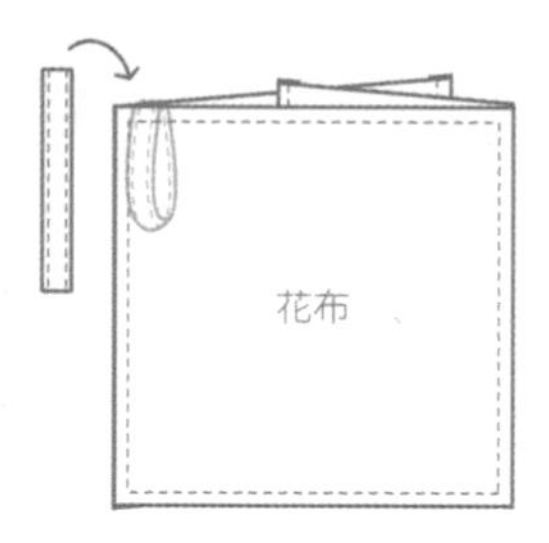

6. 將掛帶編織蕾絲固定於內側角落。

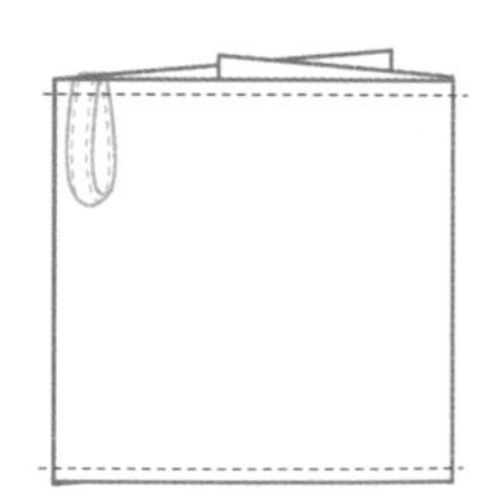

7. 將上下兩側縫好。

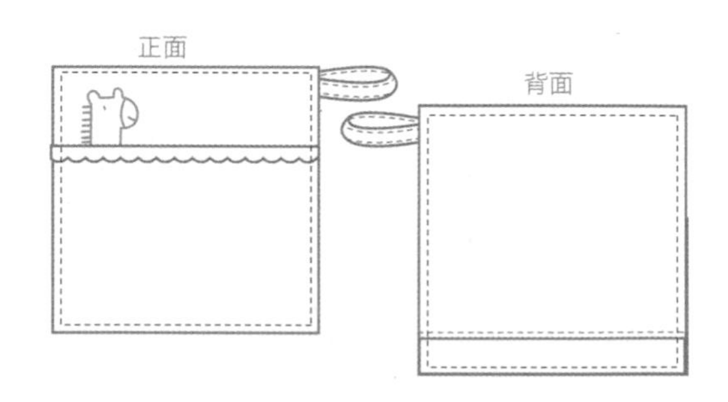

8. 翻正面，沿著午安枕邊緣再縫一圈，最後放入枕心即成。

Tips
做法8.在午安枕的邊緣再縫一次，可使午安枕的形狀更堅固。

08 蘑菇手提小袋

（做法見P.96、97）

09 玻璃彩繪

完成尺寸：

透明墊板1個、玻璃彩繪顏料各色適量、白紙1張、鉛筆

1.先在白紙上繪製喜歡的圖案，只要畫線稿即可。

2. 將畫好的圖放在透明墊板下方，作為描繪底圖。

3. 用顏料在透明墊板上先描邊，依照線稿描繪，擠壓顏料時，力道須控制維持在一定，以免線條粗細不一。

4. 描繪好邊框後，須等後顏料乾，需半天的時間。

5. 等邊框乾燥後，開始填入自己喜歡的顏色。填上的顏料也乾了後，就可以撕下來貼在窗戶上囉！

Tips

玻璃彩繪顏料可在一般文具行買到。

10 小花鑰匙包

小花鑰匙包

完成尺寸：

10×11.5公分

材料：

花布15×25公分、藍色嬰兒棉布30×25公分、胚布4×30公分、木頭扣子1顆、鑰匙扣環1個、縫線適量、裝飾用小花1朵

裁布：

縫份皆為0.5公分。花布寬9×長10公分（含縫份）2片、棉布寬9×長14公分（含縫份）2片、胚布2×30公分（含縫份）1條

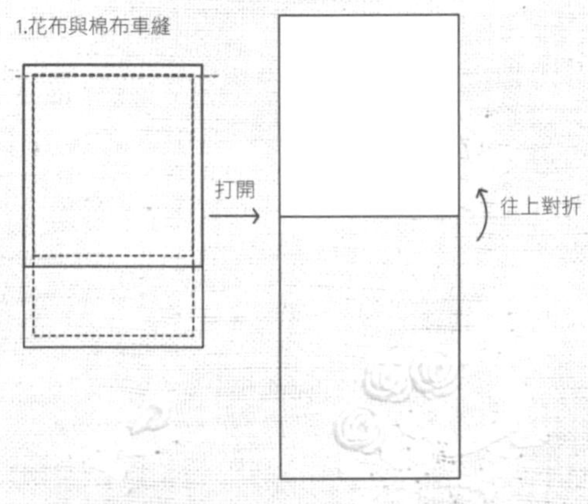

1. 沿著紙型（p.104）先將布裁好。參考做法**1.** 圖，將花布以及藍色嬰兒棉布仔細縫好。

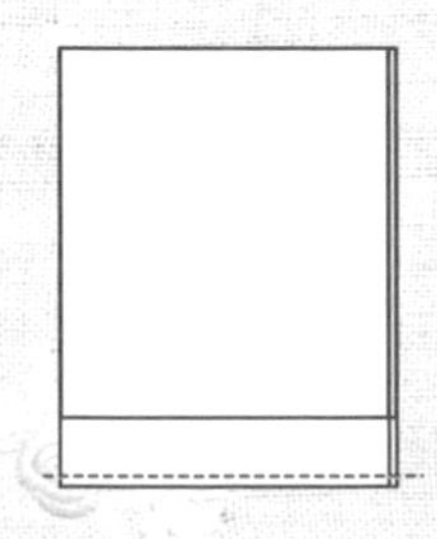

2. 將完成的做法**1.** 對摺後，底部再縫好。

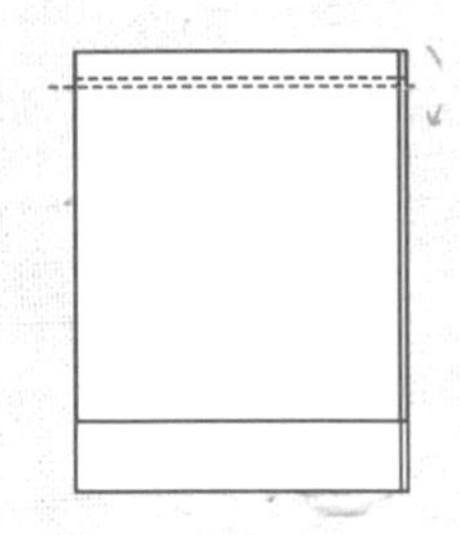

3. 參考做法**3.** 圖，將上方再往下內摺並縫好。

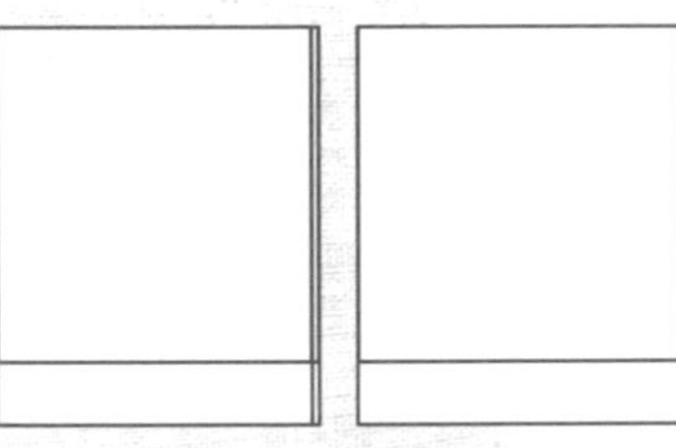

4. 重複做法**1.** 、**2.** 、**3.** ，做出另一片相同的。

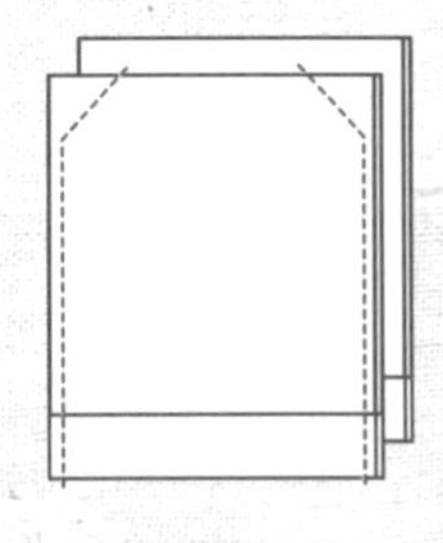

5. 將完成的兩片布對齊，正面朝正面，依照紅線縫好兩側，然後再翻正面。

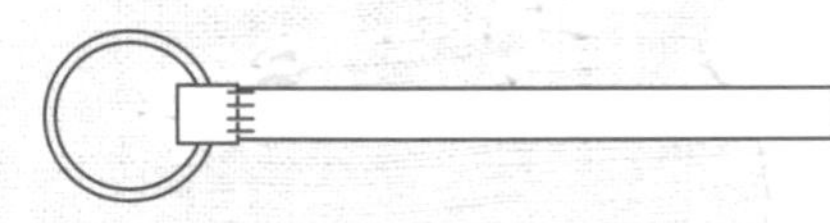

6. 縫好胚布帶子，然後翻正面，記得兩側要加強縫線，使其形狀更固定。

7. 將鑰匙扣環固定好，對摺好帶子再縫合。在胚布帶子的頂端縫上1顆木頭扣子，可在外側縫上裝飾用的小花點綴即成。

Tips

1. 剪裁每一片布時，圖虛線為完成後實際大小，四邊各往外0.5公分的實線則為縫份。

2. 木頭扣子可以挑大一點的，必須可卡在洞口，帶子才不會滑入。

蘑菇手提小袋

完成尺寸：

30×25公分（不含提帶）

材料：

蘑菇花布35×60公分、胚布80×60公分

裁布：

花布寬26×長27公分（含縫份）2片、底層胚布長26×寬5公分（含縫份）2片、內裡胚布長25.5×寬30.5公分（含縫份）2片、提帶胚布長30×寬4公分4（含縫份） 2片

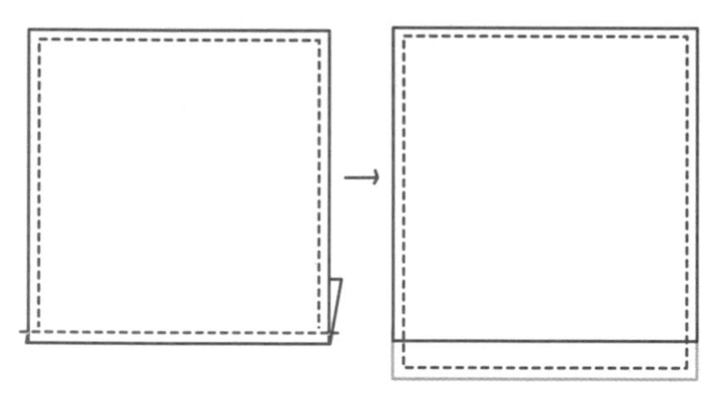

1. 沿著紙型（p.103）先將布裁好。參考做法**1.** 圖，拼接縫好蘑菇花布和底層胚布，總共拼接兩片。

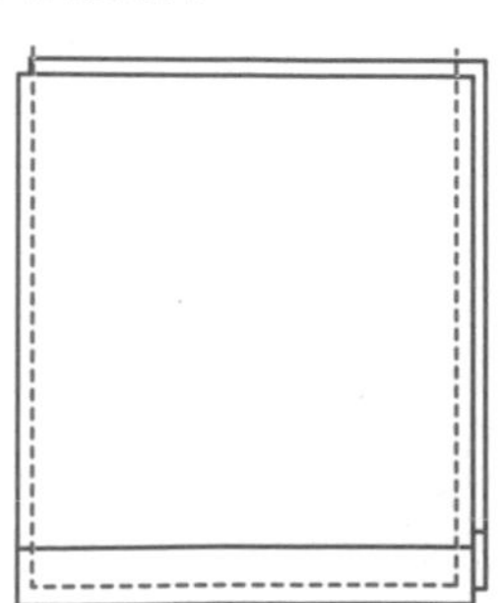

2. 將完成的做法**1.** 兩片外層布正面朝正面，依照紅虛線縫好，然後再翻正面。

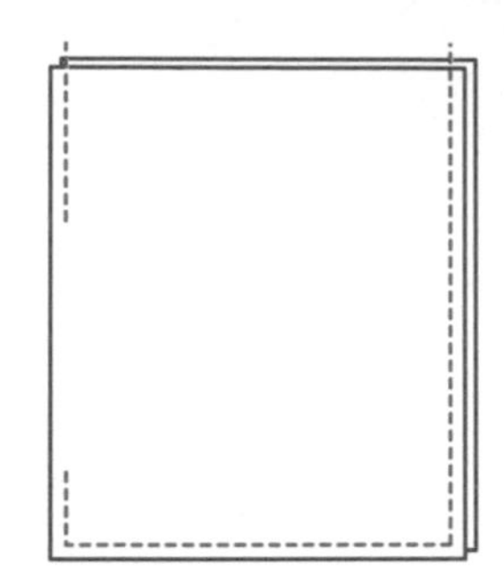

3. 縫好內裡兩片胚布，記得留一個洞口不要縫死，也不要翻正。

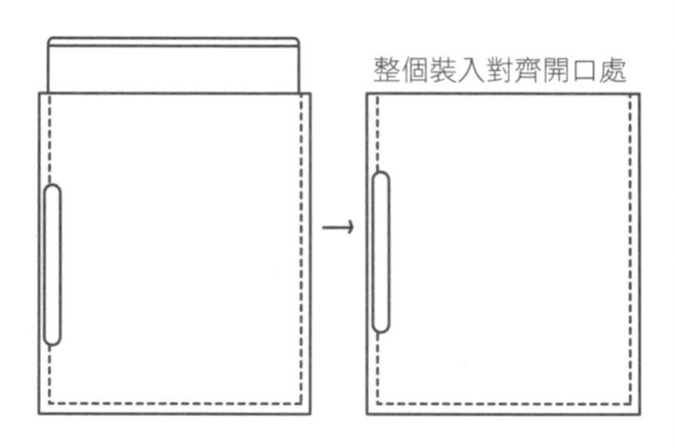

4. 將做法**2.** 完成的外層部份平放入做法**3.** 的內裡胚布袋裡，然後開口處對齊。

5. 繞著開口縫一圈，將內裡和外層布連接。

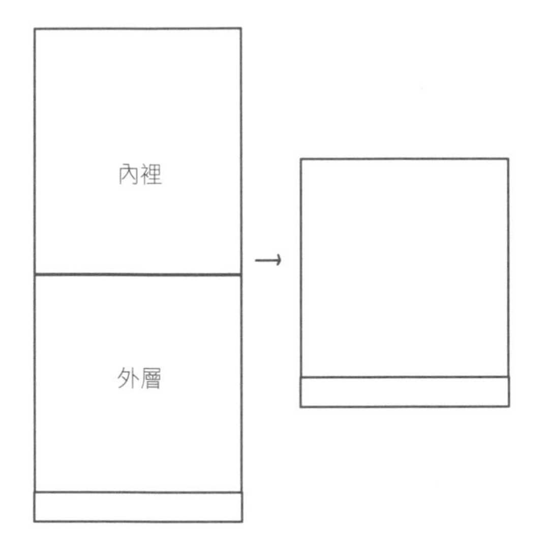

6. 從內裡的洞口翻正，縫好洞口，再將內裡塞到裡面。

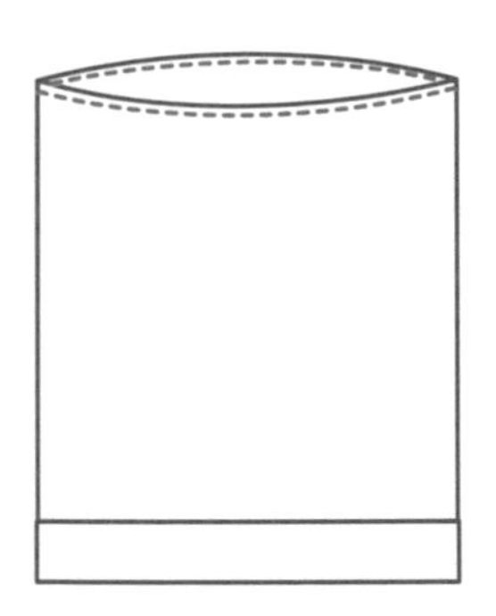

7. 開口處再縫一圈，使袋口形狀更堅挺。

Tips
剪裁每一片布時，圖虛線為完成後實際大小，四邊各往外0.5公分的實線則為縫份。

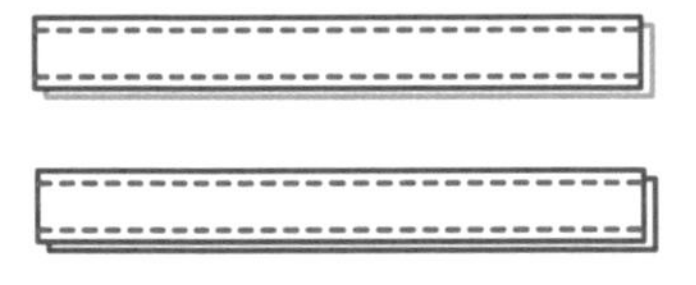

8. 將兩片提帶胚布兩側縫好後翻正。

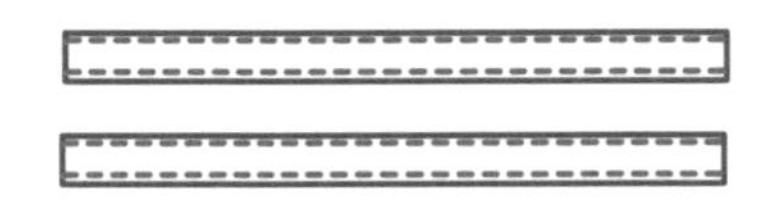

9. 做法**8.** 翻正後兩側再沿邊緣縫好。

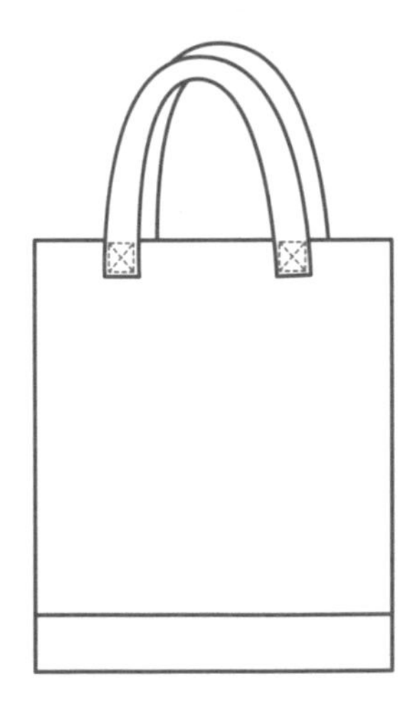

10. 將提帶車在袋口外側，依照紅線縫好即成。

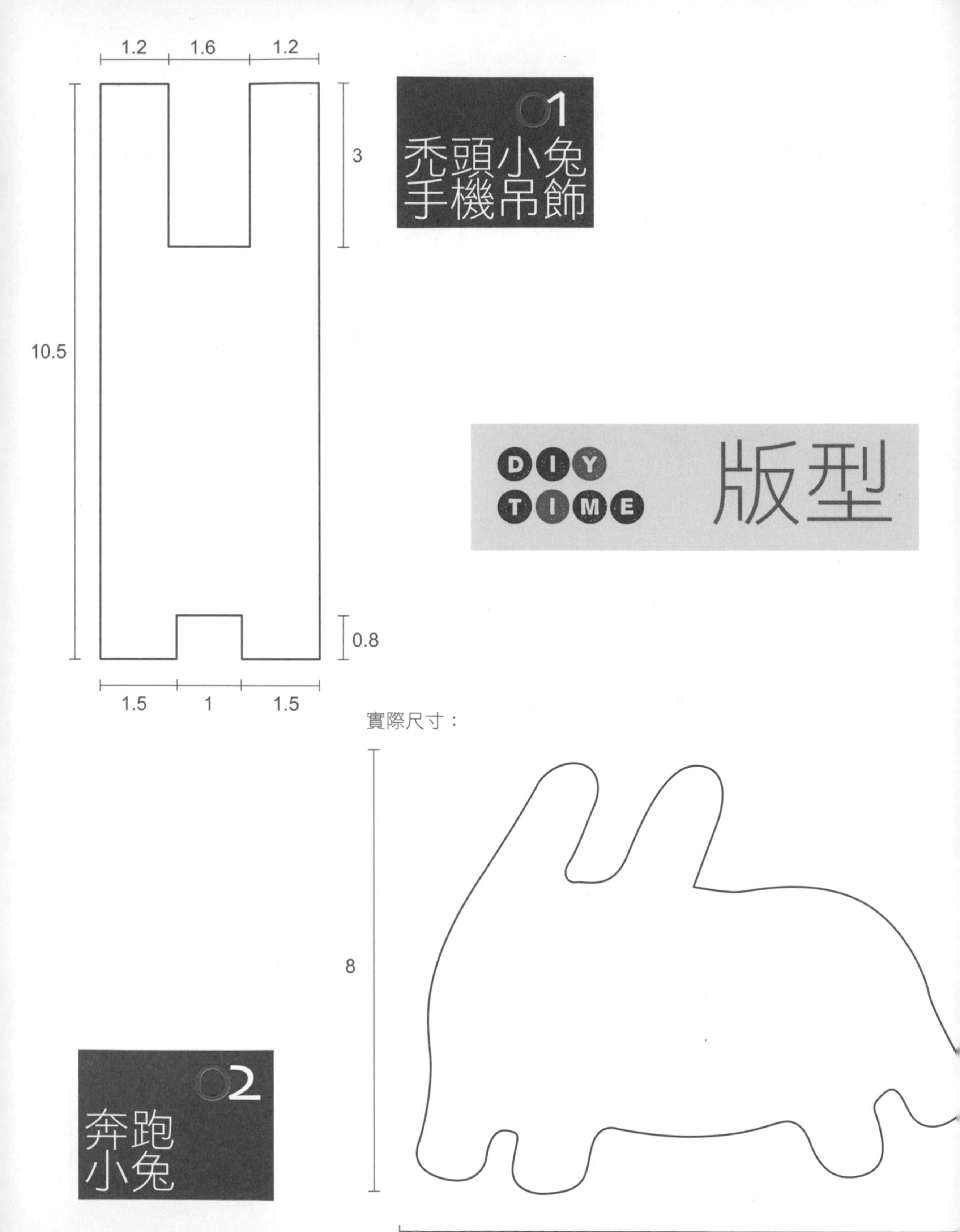
1.2
1.6
1.2
3
10.5
0.8
1.5
1
1.5
01
秃頭小兔
手機吊飾
DIY
TIME
版型
實際尺寸：
8
10
02
奔跑
小兔

實際尺寸：

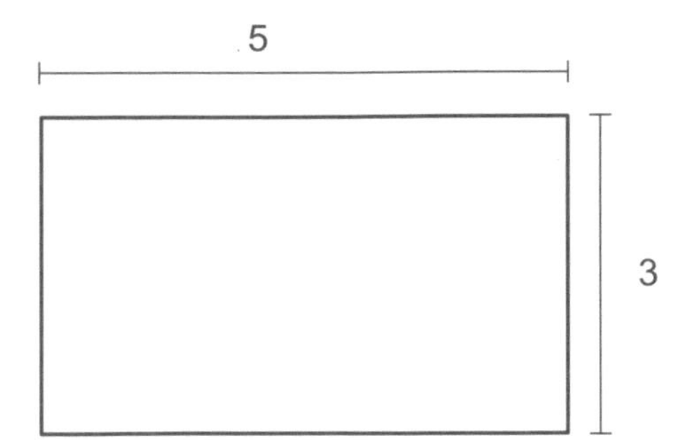

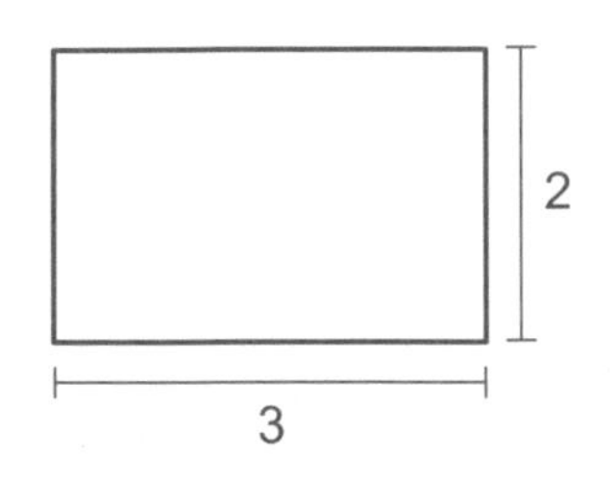

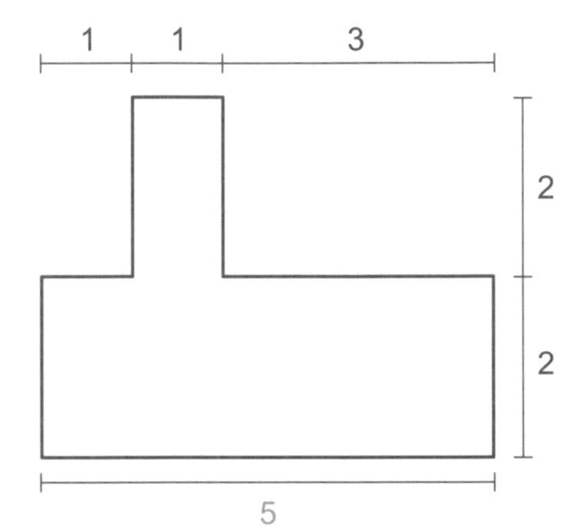

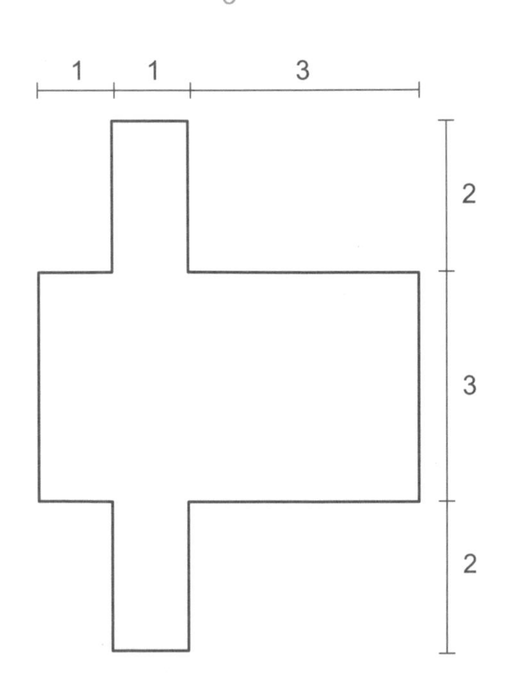

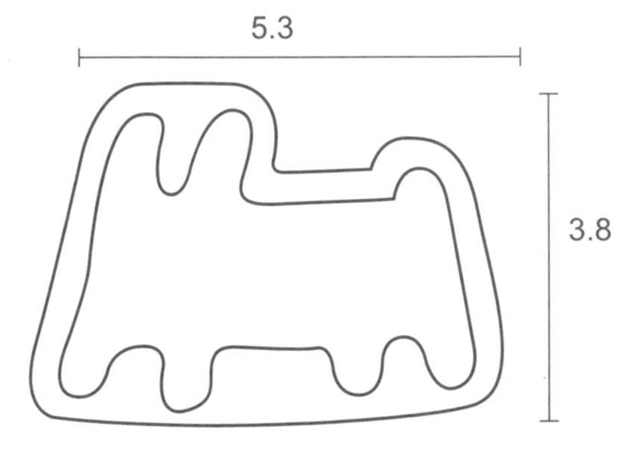

04 奔跑小兔書籤

05
奔跑小兔餐墊

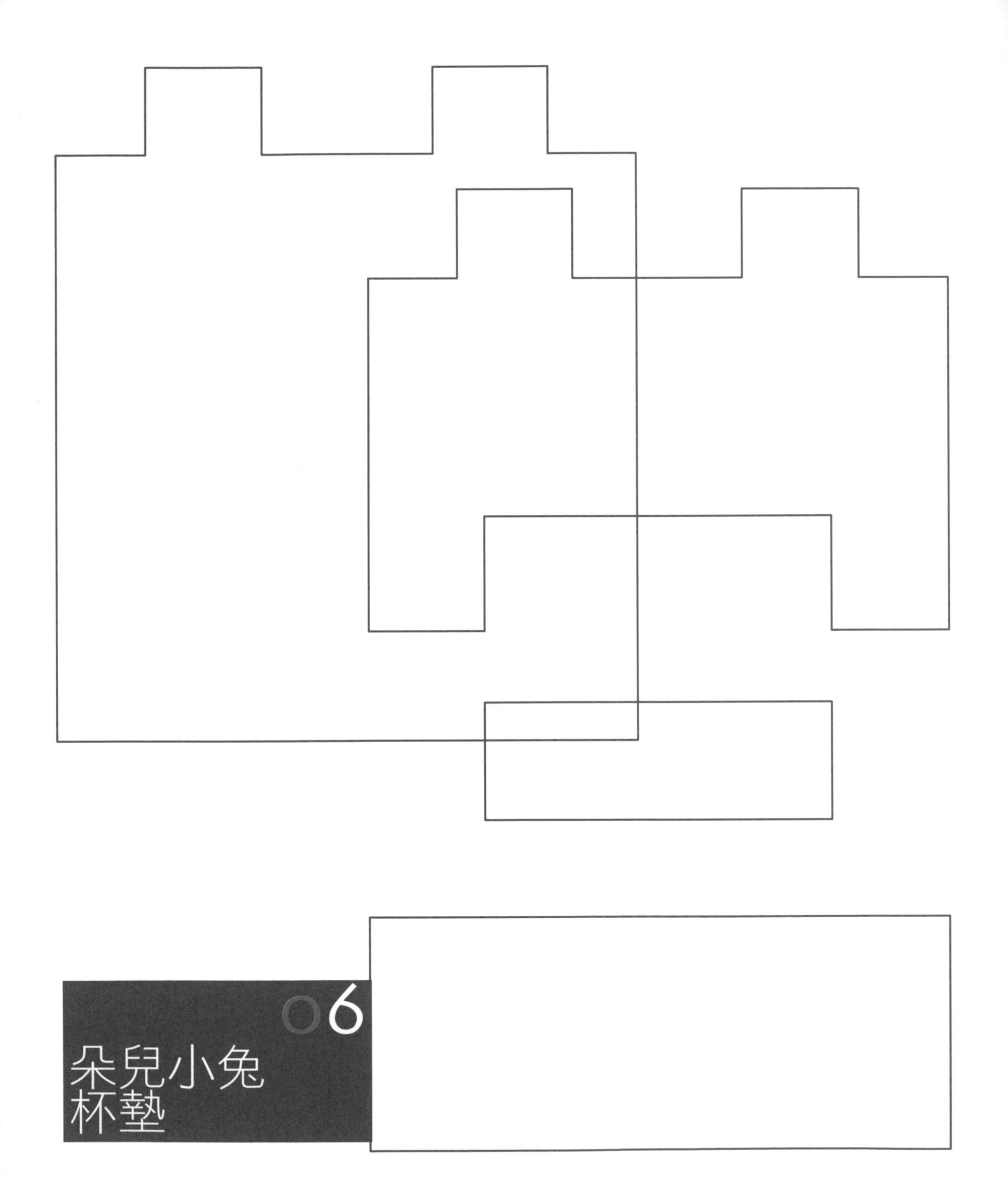

06 朵兒小兔杯墊

07
冬夏午安枕

嬰兒棉布

午安枕胚布

嬰兒棉布

午安枕花布

50%

10 小花鑰匙包

嬰兒棉布

花布

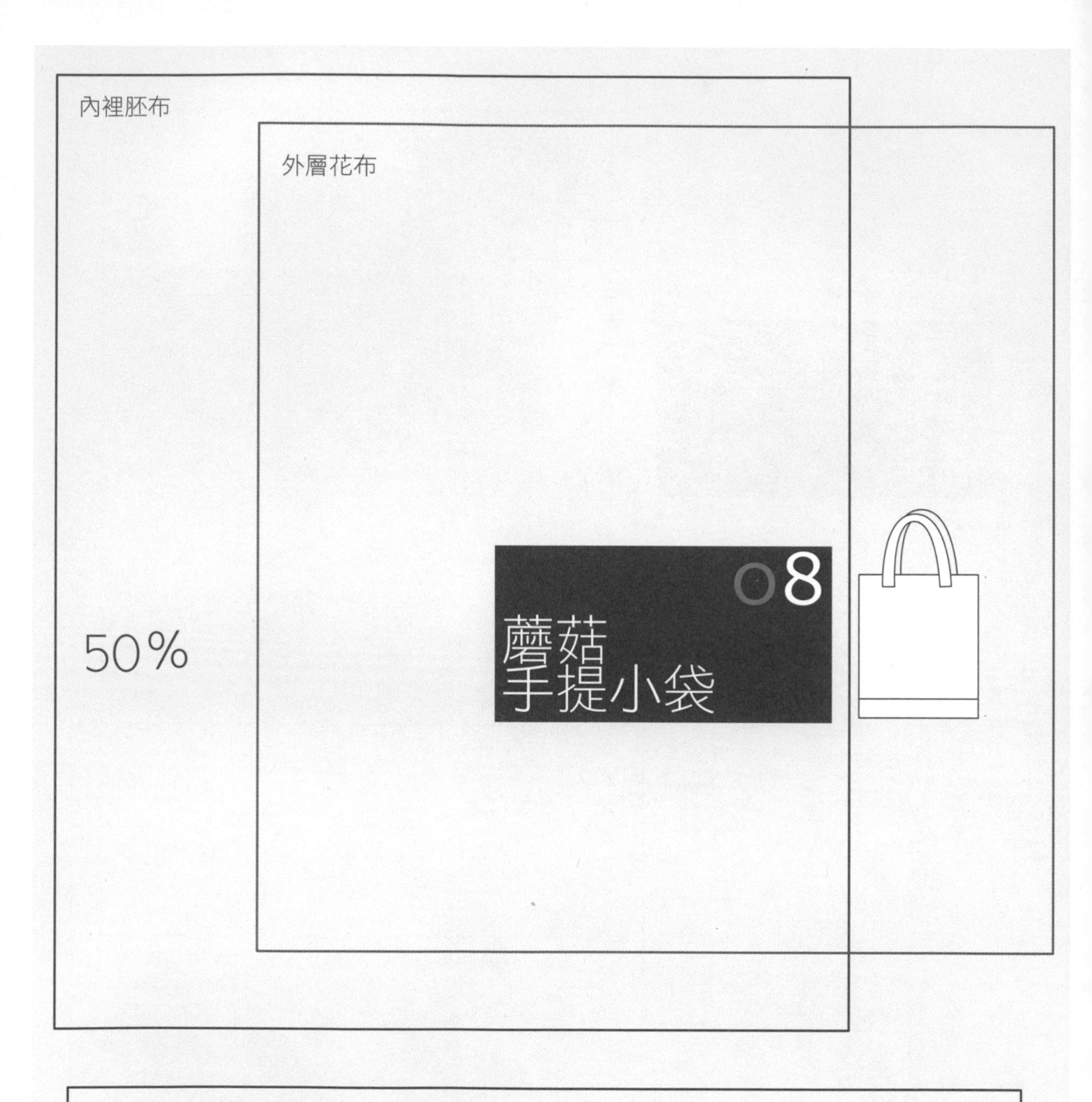

提袋胚布

外層底部胚布

材料這裡裡買

製作海蒂的手工小兔前，除了自家附近的材料行，也可以試試去以下這些店找找材料，其中布類可以選擇自己喜歡的花色。

【布類】

- **台北永樂市場**：在台北買布的地方大家比較熟悉的就是永樂市場了，在三層樓的布市裡，一不小心總會待上一整天，很多有趣的布都可以在這邊找到。
- **介良裡布行**：販售各種布類、流蘇、緞帶。台北市民樂街11號（02）2558-0718
- **全省喜家縫紉精品（代表店）**：販售布類、裁縫工具。台北市中山北路一段128-1號（02）2523-3440
- **全省勝家（代表店）**：販售布類、裁縫工具。台北市信義路二段169號（02）2321-7549
- **Yahoo網路拍賣**：在這個網站也可以買到結粒布或其他特殊的布，但無論郵寄或見面交易時，都得注意安全。
- **日本日慕里**：位於東京都，日慕里一條專門賣布的街道，這次海蒂去日本也買了很多很棒的布回來，大家有去日本不妨抽一天行程去逛逛喔！

【零件材料】

- **小熊媽媽**：販售各類小零件、毛線、串珠、繡線等手工藝材料，屬較大的連鎖店。台北市延平北路一段51號（02）2550-8899
- **大楓城**：販售各類小零件、串珠等手工藝材料，花半天的時間多逛延平北路，可以找到很多不錯的小店。台北市延平北路二段79號（02）2555-3298
- **華新布行**：販售各類布料。台北市迪化街一段21號（02）2559-3960
- **HANDS台隆手創館1**：販售各類手工藝商品。台北市復興南路一段39號6樓（02）8772-1116
- **HANDS台隆手創館2**：販售各類手工藝商品。台北市松高路19號5樓（02）2723-8050
- **悠遊工房**：販售各類進口布料。台北市文林路404巷10號3樓（02）2882-8826
- **格雷手工藝社**：販售不織布、絨毛布。台北市金華街205號（02）2321-1613
- **瑞山手工藝有限公司**：販售五金配料。桃園市民生路325號（03）337-9000
- **巧苑DIY生活工坊**：販售五金配料。新竹市東勢街113號（03）571-3217
- **金佳美行手工藝材料專賣店**：販售各類手工藝材料。苗栗市長安街65號（037）274827
- **巧藝社**：販售各類手工藝材料。台中市繼光街143號（04）2225-3093
- **華新手工藝材料行**：販售各類手工藝材料。台中市復興一路436號（04）2261-0969
- **丰配屋**：販售各類手工藝材料。雲林縣斗六市永安路112號（05）534-3026
- **宏偉手工藝材料行**：販售各類手工藝材料。高雄市十全一路369號（07）322-7657

【包裝材料】

- **太原路**：大部分的包裝材料都在這條街上可以找到，所有你想的各種袋子、紙袋、包裝盒這邊都很齊全喔！

【玻璃彩繪顏料】

- 各大書店、美術社：海蒂用的玻璃彩繪顏料品牌是「LEEHO」，名字就叫做「Window Paint」，海蒂是在自家樓下的小書店買的，在各大書店或美術社都買的到，大家很熟悉的「光南大批發」也有賣喔！價格很便宜，每隻顏料大約20元~35元不等。但如果到百貨公司購買，就不只這個價錢了。

【公仔製作材料】

化工材料行：一般的化工材料行或美術社都買的到。

朱雀文化 和你快樂品味生活

【EasyTour 新世代旅行家系列】

EasyTour006 京阪神（2006新版）——關西吃喝玩樂大補帖 希沙良著 定價299元
EasyTour007 花小錢遊韓國——與韓劇場景浪漫相遇 黃淑綾著 定價299元
EasyTour008 東京恰拉—就是這些小玩意陪我長大 葉立莘著 定價299元
EasyTour010 迷戀巴里島—住Villa、做SPA 峇里島小婦人著 定價299元
EasyTour011 背包客遊泰國——曼谷、清邁最IN玩法 谷喜筑著 定價250元
EasyTour012 西藏深度遊 愛爾極地著 定價299元
EasyTour013 搭地鐵遊倫敦——超省玩樂秘笈大公開！ 阿不全著 定價280元
EasyTour014 洛杉磯吃喝玩樂—花小錢大聰明私房推薦遊透透 溫士凱著 定價299元
EasyTour015 舊金山吃喝玩樂—食衣住行超Hot教戰守則 溫士凱著 定價299元
EasyTour016 無料北海道—不花錢泡溫泉、吃好料、賞美景 王 水著 定價299元
EasyTour017 東京！流行—六本木、汐留等最新20城完整版 希沙良著 定價299元
EasyTour018 紐約吃喝玩樂——慾望城市玩透透超完美指南 溫士凱著 定價320元
EasyTour019 狠愛土耳其—地中海最後秘境 林婷婷、馮輝浩著 定價350元
EasyTour020 香港HONGKONG—好吃好玩真好買 王郁婷、吳永娟著 定價250元
EasyTour021 曼谷BANGKOKc—好吃、好玩、泰好買 溫士凱著 定價299元
EasyTour022 驚艷雲南一昆明、大理、麗江、瀘沽湖 溫士凱著 定價299元

【Traveller 第一次旅行系列】

Traveller001 第一次旅行去新加坡 黃詡雯著 特價199元
Traveller002 第一次旅行去首爾 黃淑綾著 特價199元

【SELF 系列】

SELF001 穿越天山 吳美玉著 定價1,500元
SELF002 韓語會話教室 金彰柱著 定價299元
SELF003 迷失的臉譜．文明的盡頭　新幾內亞探秘 吳美玉著 定價1,000元

【LifeStyle 時尚生活系列】

LifeStyle001 築一個咖啡館的夢 劉大紋等著 定價220元
LifeStyle002 買一件好脫的衣服東京逛街 季 衣著 定價220元
LifeStyle004 記憶中的味道 楊 明著 定價200元
LifeStyle005 我用一杯咖啡的時間想你 何承穎著 定價220元
LifeStyle006 To be a 模特兒 藤野花著 定價220元
LifeStyle008 10萬元當頭家—22位老闆傳授你小吃的專業知識與技能 李靜宜著 定價220元
LifeStyle009 百分百韓劇通—愛戀韓星韓劇全記錄 單 葑著 定價249元
LifeStyle010 日本留學DIY—輕鬆實現留日夢想 廖詩文著 定價249元
LifeStyle011 風景咖啡館—跟著咖啡香，一站一站去旅行 鍾文萍著 定價280元
LifeStyle012 峇里島小婦人週記 峇里島小婦人著 定價249元
LifeStyle013 去他的北京 費工信著 定價250元
LifeStyle014 愛慾．秘境．新女人 麥慕貞著 定價220元
LifeStyle015 安琪拉的烘焙廚房 安琪拉著 定價250元
LifeStyle016 我的夢幻逸品 鄭德音等合著 定價250元
LifeStyle017 男人的堅持 PANDA著 定價250元
LifeStyle018 尋找港劇達人一經典&熱門港星港劇全紀錄 羅生門著 定價250元
LifeStyle019 旅行，為了雜貨一日本．瑞典．台北．紐約私房探路 曾欣儀著 定價280元
LifeStyle020 跟著港劇遊香港一經典&熱門場景全紀錄 羅生門著 定價250元

北市基隆路二段13-1號3樓 http://redbook.com.tw TEL:02-2345-3868 FAX:02-2345-3828

這麼可愛，不可以！——**用創意賺錢，5,001隻海蒂小兔的發達之路**

作者　海蒂Heidi
攝影　毛利、海蒂Heidi
美術設計 鄧諾亞
編輯　彭文怡
校對　連玉瑩
企劃統籌 李橘
發行人　莫少閒
出版者　朱雀文化事業有限公司
地址　台北市基隆路二段13-1號3樓
電話　02-2345-3868
傳真　02-2345-3828
劃撥帳號 19234566朱雀文化事業有限公司
e-mail　redbook@ms26.hinet.net
網址　http:/redbook.com.tw
總經銷　展智文化事業股份有限公司
ISBN13碼 978-986-7544-99-5
初版一刷 2007.06.01
定價　280元

出版登記 北市業字第1403號

本書如有缺頁、破損、裝訂錯誤，請寄回本公司更換

國家圖書館出版品預行編目資料

這麼可愛，不可以！
——用創意賺錢，5,001隻海蒂小兔的發達之路
海蒂Heidi著----初版----
台北市：朱雀文化，2007（民96）
面：公分----（Hands 007）
ISBN13碼978-986-7544-99-5
1. 創意 2. 工藝
494

{About買書}

* 朱雀文化圖書在北中南各書店及誠品、金石堂、何嘉仁等連鎖書店均有販售，如欲購買本公司圖書，建議你直接詢問書店店員，如果書店已售完，請撥本公司經銷商北中南區服務專線洽詢。北區（02）2250-1031 中區（04）2312-5048 南區（07）349-7445
* 上博客來網路書店購書（http://www.books.com.tw），可在全省7-ELEVEN取貨付款。
* 至郵局劃撥（戶名：朱雀文化事業有限公司，帳號：19234566），掛號寄書不加郵資，4本以下無折扣，5～9本95折，10本以上9折優惠。
* 親自至朱雀文化買書可享9折優惠。

HEiDi